MERVEILLES

DE LA VIE

CHEZ QUELQUES ANIMAUX

MERVEILLES

DE LA VIE

CHEZ QUELQUES ANIMAUX

RÉVÉLÉES PAR LE MICROSCOPE

GENÈVE
ÉMILE BEROUD, LIBRAIRE-ÉDITEUR
Successeur de Mmes Ve Beroud & S. Guers,

PARIS

CH. MEYRUEIS, LIBR. | J. GRASSART, LIBR.
RUE TRONCHET, 2. | RUE DE LA PAIX, 11.

1854

TABLE DES MATIÈRES

TABLE DES GRAVURES

MERVEILLES

DE LA VIE

CHEZ QUELQUES ANIMAUX

⸺◦◦◦⸺

CHAPITRE Ier

INTÉRÊT QUE PRÉSENTE L'ÉTUDE DE L'HISTOIRE NATURELLE.

Chacun s'accorde à reconnaître que l'étude de l'histoire naturelle offre un vif intérêt à ceux qui s'y adonnent, mais les esprits sérieux regrettent de voir qu'en général les naturalistes négligent de remonter à la Cause première de toutes les beautés qu'ils signalent dans les œuvres de Dieu.

Nous espérons que ce petit ouvrage ne méritera pas le même reproche. Son but est, au contraire, de rendre à Dieu l'honneur dû à son nom en faisant ressortir, avec une évidence de plus, sa sagesse et sa bonté.

Nous occuperons d'abord nos lecteurs du microscope et des perfectionnements récents qui en ont fait l'indispensable auxiliaire de toute recherche consciencieuse. Nous examinerons ensuite la vie et les phénomènes qu'elle présente ; la distinction qui existe entre les animaux et les végétaux ; enfin nous décrirons quelques-unes des formes particulières de la vie organique, depuis les plus simples jusqu'aux animalcules rotifères.

Nous emprunterons aux meilleurs auteurs modernes la description des êtres animés qui composent cette série, et, dans plusieurs cas, nous confirmerons leurs observations par nos expériences personnelles.

Le vieux Samuel Purchas * exprimait ainsi l'impression que faisait sur lui la contemplation des œuvres les plus infimes du Créateur.

« Nicocastre ayant un jour trouvé un morceau
« de bois curieux, l'observait en silence. — Quel
« plaisir pouvez-vous avoir à arrêter si longtemps
« votre attention sur cet objet, lui demanda quel-
« qu'un ? — Si vous aviez mes yeux, lui répondit-il,

* Savant ecclésiastique anglais, qui vécut de 1577 à 1628.

« vous seriez ravi comme moi, de l'art inimitable
« qu'atteste ce morceau de bois. Aucun peintre,
« j'en suis sûr, ne pourrait rendre les merveilles
« que j'y vois ; il lui manquerait, pour le faire, les
« yeux de Nicocastre. »

« En effet, la louange que Dieu mérite pour la
« sagesse et la puissance qu'il a déployées dans
« les êtres créés, est muette et n'existe pas, jusqu'à
« ce que l'homme y donne lieu en les observant
« soigneusement. Il n'est donc indigne d'aucun
« homme, quelque supérieur qu'on le suppose,
« de contempler les œuvres de son Dieu. Et comme
« les miracles de sa puissance sont plus évidents
« encore dans ces créatures imperceptibles qu'on
« est porté à dédaigner à cause de leur petitesse
« même, c'est en elles que la sagesse et les iné-
« puisables ressources du Créateur doivent être
« surtout admirées. »

« Ce qui fait la vie, la beauté, l'excellence des
êtres créés, disait Baxter, c'est la manifestation de
Dieu en eux. Sans lui les créatures ne sont que
des squelettes sans utilité ; de véritables riens. »
Aussi le Psalmiste qui avait des yeux pour admirer les œuvres de Dieu disait : « L'Éternel est
grand et très-digne de louange, il n'est pas possible de sonder sa grandeur. Une génération dit à
l'autre génération la louange de ses œuvres, elles
racontent ensemble ses exploits (Ps. CXLV, 3). »
Quel est le vrai disciple du Très-Haut qui n'ajou-

terait pas, pour ce qui le concerne, ce que l'auteur inspiré disait pour son propre compte : — « Je m'entretiendrai de la magnificence glorieuse de sa majesté et de ses faits merveilleux. »

Mais la tâche que nous entreprenons doit avoir pour un chrétien un intérêt tout particulier.

En effet, il ressort avec une pleine évidence des pages de la révélation que le même Sauveur dans le sang expiatoire duquel nous nous assurons, que nous aimons sans l'avoir vu, que nous prenons pour objet constant de notre imitation, est aussi le Créateur de l'univers. « C'est notre Dieu ; nous l'avons attendu, aussi nous sauvera-t-il. (Esaïe xxv, 9.) »

Si donc toutes les choses qui sont au ciel et sur la terre ont été créées par le Seigneur Jésus, il a un droit de propriété incontestable sur ses créatures ; et il est parfaitement raisonnable qu'il demande à celles d'entre elles qui sont intelligentes le plus pur de leur amour. Chacun de nos cœurs devrait pouvoir, avec la même effusion de reconnaissance et de joie, répéter ces paroles de David : « Quel autre ai-je au ciel ! Je n'ai pris plaisir sur la terre qu'en toi ! M'approcher de Dieu c'est tout mon bien. (Ps. LXXIII.) »

Mais si l'étude d'une partie quelconque des œuvres de Dieu fournit aux croyants un motif de plus à la reconnaissance, elle est propre aussi à conduire de la nature à l'Évangile ceux qui sentent le besoin d'une révélation plus complète que celle de la création. Les œuvres matérielles de Dieu parlent bien de sa puissance infinie et de sa divinité, mais elles ne disent rien du Sauveur. L'Évangile seul lui rend témoignage. C'est là, exclusivement, que nous pouvons apprendre « qu'après avoir été obéissant jusqu'à la mort, et même jusqu'à la mort de la croix, il a été souverainement élevé, et qu'il possède un nom qui est au-dessus de tout nom, afin que tout ce qui est dans les cieux, sur la terre et sous la terre, fléchisse le genoux devant le nom de JÉSUS. (Philip. II, 8.) »

CHAPITRE II

LE MICROSCOPE.

Bien qu'on ait fait à l'œil nu un grand nombre de bonnes observations sur la nature, cependant les recherches scientifiques ont été remarquablement facilitées d'abord par les verres grossissants, dont l'usage est devenu si commun, puis par un instrument de beaucoup supérieur à tous ceux dont on se servait, c'est-à-dire par le microscope. Ce mot est formé de deux mots grecs, qui signifient : « qui voit de petites choses. » L'histoire de sa découverte est obscure, et nous ne pouvons exposer ici que quelques faits relatifs à son invention et aux résultats plus merveilleux encore de ses progrès subséquents.

Sénèque avait remarqué que « des lettres, petites et peu distinctes, apparaissaient plus larges et plus visibles au travers d'un vase de verre plein d'eau. » Les anciens ne surent faire aucune application utile de cette importante observation. Ils eussent pourtant pu construire un microscope bien simple, en perçant dans une lame de métal un petit trou, et en y introduisant une goutte d'eau. Cette goutte prend aussitôt une forme sphérique de chaque côté de la lame, et acquiert ainsi une petite partie de la puissance amplifiante des verres lenticulaires. L'histoire ne nous dit pas qu'aucune expérience de ce genre ait été tentée par les anciens.

Quant à l'invention réelle du microscope, elle a été attribuée à plus d'un individu. L'auteur d'un ouvrage publié en 1665, en fait honneur à Jansen, le célèbre inventeur du télescope. Parmi les témoignages qu'il en donne, se trouve une lettre de William Boreel, ambassadeur des États de Hollande, qui visitait fréquemment la boutique de Jansen, et avait entendu là répéter fréquemment que le microscope était un instrument de son invention, ou que du moins il l'avait inventé avec l'aide de quelques membres de sa famille. Se trouvant en Angleterre en 1619, il vit dans les mains de son ami Cornélius Drebell, un instrument composé d'un tube de cuivre doré, porté sur une base d'ébène par de minces colonnes de laiton en forme de dauphins, et muni d'un ajustement pour fixer les objets qu'on voulait examiner. Jansen avait présenté cet instrument au prince Maurice et à l'archiduc d'Autriche Albert, mais il n'est donné aucun détail sur sa structure interne. En 1618, le Napolitain Fontana construisit un microscope au moyen de deux lentilles bi-convexes, c'est-à-dire ayant chacune deux surfaces sphériques, comme le représente la figure ci-derrière L I. Il en donna la description dans un ouvrage qui parut quelques années après. Il semble donc que Jansen a bien réellement inventé une espèce de microscope, mais que l'honneur de celui que nous connaissons est dû spécialement à Fontana.

La forme des lentilles (nom dérivé du latin, où il signifie une espèce de petite fève) doit avoir conduit immédiatement à la découverte de ce que l'on appelle vulgairement leur pouvoir grossissant ou amplifiant; nous espérons que la figure suivante aidera nos lecteurs à s'en faire une idée juste.

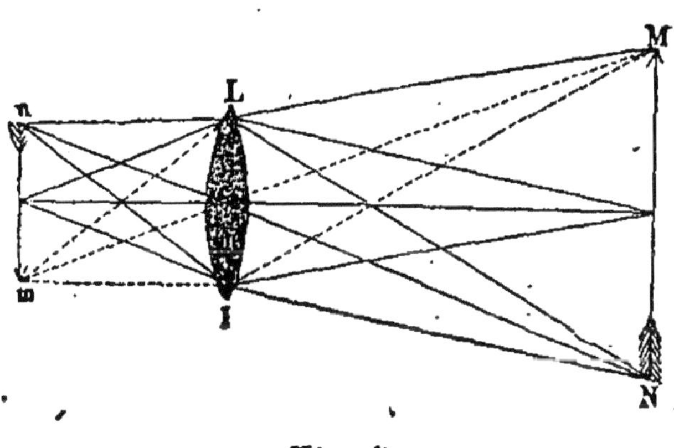

Fig. 1.

Devant une lentille convexe L I, est placée une flèche réelle M N, dont chaque point envoie des rayons dans toutes les directions. Ceux qui tombent sur la lentille sont réfractés à des foyers placés derrière elle. Mais comme le foyer de chaque point de la flèche est déterminé dans son image par une ligne droite tirée du point de la flèche au milieu c de la lentille, le fer M de la flèche sera représenté quelque part sur la ligne M c m, et la partie barbelée N quelque part sur la ligne N c n, c'est-à-dire aux points m, n, où les rayons L m, I m, L n, I n coupent les lignes M c m, N c n. Il en résulte que m représentera le fer, et n la partie barbelée de la flèche m n. Il est de même évident que dans les deux triangles M c N, m c n, la longueur de l'image de la flèche sera à la longueur de la flèche réelle M N, comme c m, la distance de l'image à la lentille, est à c M, distance de l'objet à la lentille.

Afin d'expliquer le pouvoir que possèdent les lentilles de grossir les objets et de les amener plus près de nous, ou plutôt de former des images agrandies des objets, et de rapprocher ces images de nous, nous devons examiner les différentes apparences que revêt un corps quelconque lorsqu'il est placé à diverses distances de l'œil. Si notre œil, placé en E, regarde un homme placé à distance en c b (fig. 2), on ne verra que sa forme générale, et on ne reconnaîtra ni son âge, ni ses traits, ni son habillement. S'il se met en mouvement et s'approche graduellement de nous, nous découvrirons peu à peu les parties de son vêtement, et à la distance de quelques pieds, nous apercevrons dis-

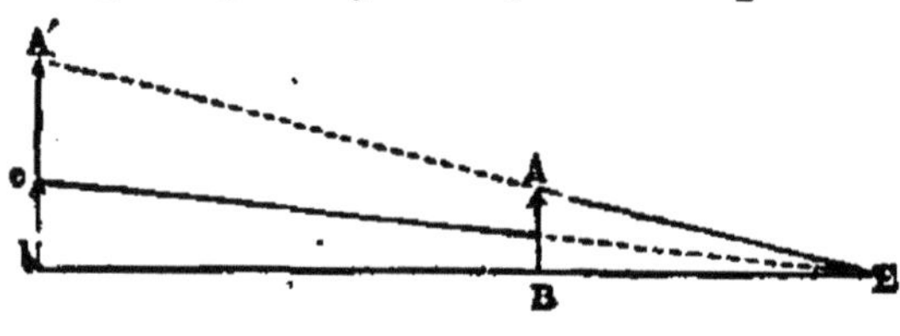

Fig. 2.

tinctement ses traits. S'il s'approchait plus près
encore, nous pourrions presque compter les cils
de ses yeux, et observer les lignes les plus fines
de sa peau. A la distance E b, cet homme est vu
sous l'angle b E c, et à la distance E B on le voit
sous l'angle plus grand B E A, quoique ce soit le
même individu. La grandeur apparente de l'objet
le plus petit peut donc égaler la grandeur apparente du plus grand. La tête d'une épingle, par
exemple, peut être amenée assez près de l'œil
pour qu'elle paraisse couvrir toute une montagne,
ou même toute la surface visible de la terre; et,
dans ce cas, la grandeur apparente de la tête d'é-
pingle est dite égale à la grandeur apparente de la
montagne, etc.

Supposons maintenant que l'homme c b soit
placé à la distance de 100 pieds de l'œil E, et que
nous mettions un verre convexe de 25 pieds de
distance focale à moitié chemin entre l'objet c b et
l'œil, c'est-à-dire à 50 pieds de chacun d'eux;
alors, comme nous l'avons montré précédemment,
il se formera à 50 pieds derrière la lentille une
image renversée de cet homme, et cette image sera
de la même dimension que lui, c'est-à-dire de
6 pieds de haut. Si l'œil qui regarde cette image
est placé à 6 ou 8 pouces derrière elle, il la verra
extrêmement nette et distincte, et presque aussi
bien que si l'homme avait été rapproché de la distance de 100 pieds à celle de 6 pouces, distance à
laquelle nous pouvons examiner minutieusement

tous les détails de sa personne. Or dans ce cas, quoique l'homme n'ait pas été grandi effectivement, il l'a été en apparence, dans la proportion d'environ 6 pouces à 100 pieds, ou de 1 à 200.

Mais, si au lieu d'une lentille de 25 pieds de longueur focale, nous employons une lentille de foyer plus court, et si nous la plaçons entre l'œil et l'homme, de telle manière que les foyers conjugués soient à la distance de 20 et de 80 pieds de la lentille, c'est-à-dire que l'homme soit à 20 pieds devant la lentille, et son image à 80 pieds derrière elle ; alors la dimension de son image sera 4 fois celle de sa personne, et l'œil placé à 6 pouces derrière cette image agrandie, la verra avec la plus grande netteté. Dans ce cas, l'image rendue 4 fois plus grande par la lentille, et 200 fois plus grande parce qu'elle est amenée 200 fois plus près de l'œil, s'offre à l'observateur sous une dimension apparente 800 fois plus grande qu'avant. (Brewster, *Optique*, p. 45-48.)

Il n'y a pas trente ans que des hommes tels que Biot et le Docteur Wollaston, affirmaient que le microscope composé ne rivaliserait jamais avec le microscope simple. Ils avaient sans doute de solides raisons pour parler ainsi ; mais les difficultés qui existaient alors ont toutes été surmontées. L'honneur d'avoir rendu ce service appartient à plusieurs hommes, mais en particulier à feu M. Tulley, de Londres, qui fut pressé par le docteur Goring d'essayer la construction d'un objectif achromatique *, pour un microscope composé.

Chacun sait que la lumière blanche qui vient du soleil ou de tout autre corps lumineux, est composée de sept couleurs différentes : le rouge, l'orangé, le jaune, le vert, le bleu, l'indigo et le violet. M. Tulley, en combinant habilement la nature des verres avec leur pouvoir réfringent, construisit un verre composé de trois lentilles, qui donna à la vision une netteté inconnue jusqu'alors, et qui permit de voir les objets avec leurs teintes naturelles, c'est-à-dire débarrassés de franges colorées. On attacha d'abord une grande importance aux verres d'une dimension considérable ; mais maintenant les lentilles achromatiques ne varient guère que de 2 pouces à $^1/_{12}$ ou $^1/_{16}$ de pouce de distance focale. La société microscopique de Londres s'est formée principalement dans le but de rendre toujours plus utile aux recherches scientifiques cet admirable instrument.

De quelque côté que nous nous tournions, soit que nous cherchions dans nos habitations, ou que nous scrutions les prairies, les marécages, les collines, les forêts, les ruines tombant en poussière, ou les bords de la mer ; soit que nous examinions les eaux des sources, des rivières, des lacs, de l'Océan, ou les fluides contenus dans les tissus vivants, partout nous découvrons des plan-

* Terme d'optique dérivé du grec, et signifiant « sans couleur. »

tes et des animaux, également inaperçus à notre vue simple, et pourtant doués d'organes exactement adaptés à leurs besoins respectifs, et propres à les satisfaire avec une pleine jouissance. Il existe même dans les vapeurs aqueuses et dans la poussière de l'air, des germes d'êtres vivants que le microscope peut seul offrir à notre vue et à notre admiration. Les pages suivantes en fourniront de nombreux exemples.

CHAPITRE III

Les objets dont nous sommes entourés sont organiques ou vivants; inorganiques ou privés de vie. Si la présence ou l'absence de la vie établit donc entre eux une différence essentielle, la première question que nous devrions nous poser devrait être celle-ci : Qu'est-ce que la vie? Qu'est-ce que ce quelque chose dont les effets parlent si fortement et si constamment à nos sens, que la distinction précédente est une de nos idées les plus familières, le premier et presque inévitable résultat de nos observations d'enfance?

La vie en elle-même est un mystère dont Dieu s'est réservé la connaissance; nous ne la connaissons, nous, que par les phénomènes qu'elle produit dans les corps organiques. Le physiologiste en fait l'objet de ses investigations, mais les grands résultats qui constituent le caractère essentiel des êtres animés, dépendent de lois imparfaitement comprises ou absolument au-dessus des recherches de la science humaine. Cette impuissance ne

doit pas empêcher que tout ce qui peut être recueilli par l'observation consciencieuse et par le
raisonnement, concerne solennellement tout esprit
chrétien qui réfléchit. Puisque « les œuvres du
Seigneur sont grandes et magnifiques, » la négli-
gence, l'indifférence, ou même une attention superficielle de notre part, seraient vraiment cou-
pables.

La première chose qui nous frappe dans l'étude
des corps organiques, est l'union vitale de leurs
parties constituantes, qui est totalement différente
de toute autre combinaison de la matière. Si, par
exemple, nous plaçons ensemble, dans un verre,
un acide et un alcali en poudre, les particules res-
teront juxtaposées, et dans un repos parfait, parce
qu'elles ne sont combinées que *mécaniquement*.
Mais si l'on verse un peu d'eau sur la masse, il se
fait une union ou combinaison *chimique*, qui devient aussitôt visible par une effervescence immé-
diate. La poudre à canon est pareillement composée d'un mélange de nitre, de soufre et de char-
bon. Tant que ces trois substances ne sont mélan-
gées que *mécaniquement*, il ne se produit pas d'u-
nion intime entre elles, mais si une étincelle tombe
sur la masse, leur affinité produit alors l'effet si
étonnant d'inflammation et d'expansion que nous
connaissons tous. Or, de même qu'il existe une
distinction marquée entre l'union mécanique et
l'union chimique, il en existe une autre encore
plus tranchée entre les corps organiques et les

corps inorganiques. Cette différence provient de la force *vitale.*

Dans les cristaux, ou dans tout autre corps inorganique, nous observons une manière d'être fixe et invariable ; mais dans les corps organiques, un changement perpétuel s'opère sous l'action de la force vitale. Tantôt ils rejettent des particules qu'ils auraient absorbées, tantôt ils absorbent des substances étrangères à eux, qui sont ensuite incorporées ou rejetées à leur tour. Souvent la vie maintient son œuvre malgré les lois de la matière morte ; elle fixe pour un temps l'identité de la plante ou de l'animal, jusqu'à ce que toute vitalité cesse, et que ses opérations cèdent la place aux lois de l'affinité chimique, qui s'exercent dès lors sans opposition. La mort est en définitive la conquête des forces vitales opérée par les forces physiques.

Un autre fait qui mérite l'attention, c'est que toute créature animée est le produit d'une autre créature existant avant elle, et qui lui ressemble essentiellement. Le semblable produit son semblable, d'après une loi inconnue à la matière inorganique. Le lilas n'aspire pas à la grandeur du cèdre, ni l'agneau à la stature de la girafe. Depuis le *fiat* du Créateur, qui seul possède la prérogative exclusive de donner l'existence à ses créatures, la vie naît de la vie ; elle se transmet, au travers des âges, par une chaîne non interrompue d'êtres qui se ressemblent. Mais la postérité de la plante, ou celle de l'animal, n'arrive pas par une seule opération, au plein développement de ses parties ou de ses forces. Au contraire, son premier état est celui d'un germe souvent excessivement petit, que le grand Auteur de la vie a préparé d'une manière vraiment merveilleuse, pour atteindre son développement subséquent et complet.

Si l'on nous demandait ce qu'est cet objet microscopique si simple à la fois et si étonnant, nous répondrions : c'est une petite vésicule, une simple cellule. La cellule est l'organe élémentaire de tous les corps organiques. Ce fait demande un exemple, et il s'en trouve une foule partout où l'on aperçoit la vie.

Une des formes les plus simples de la végétation peut être observée dans la levûre de bière, par exemple. Si, avec l'aide d'un microscope, nous en examinons un petit fragment à des intervalles différents, nous le trouvons d'abord formé d'un assemblage de cellules. Un peu plus tard, nous verrons qu'à chacune de ces vésicules a poussé un ou plusieurs bourgeons, qui deviendront bientôt eux-mêmes de nouvelles vésicules semblables à la première. Celles-ci suivent le même procédé, et la multiplication avance de telle sorte, qu'au bout de quelques heures chaque vésicule simple se trouve transformée en une ran-

CELLULES DE LA LEVÛRE DE BIÈRE.

ACCROISSEMENT DES DITES CELLULES

gée de quatre, cinq ou six vésicules nouvelles.

La nature toutefois ne se borne pas à ce seul procédé. Souvent les vésicules, au lieu de se produire les unes les autres, se rompent et répandent au dehors un certain nombre de petits grains dont chacun forme une nouvelle cellule. D'ordinaire, à un moment donné, le brasseur entre dans la cuve pour arrêter ce merveilleux travail de végétation qui s'opère à son insu, et dont il n'a probablement pas la plus légère idée. Il se trouve alors que chaque groupe est composé de cinq ou six vésicules. A ce moment de crise, les groupes se partagent en individus, semblables à ceux qui formaient la première levûre, et le brasseur en retire maintenant beaucoup plus qu'il n'en avait mis dans le liquide.

NOUVELLE MULTIPLICA-
TION DES CELLULES.

Le-tissu végétal le plus simple est à peu près semblable à celui qui existe chez les animaux. Parmi ceux-ci, le tissu le plus élémentaire qu'on puisse soumettre à l'observation, est un tissu cellulaire très-mou et pulpeux, qui, à cette période précoce, est imbibé d'un fluide aqueux. Sa nature est homogène, il ne présente ni interstice ni fibres, mais étant facilement perméable à l'air ou aux liquides, il produit aisément de petites cellules; il se laisse aussi étirer en filaments glutineux.

Les parties constituantes de ce tissu sont d'une

petitesse extraordinaire. Quoiqu'on puisse discerner à l'œil nu les filets d'un blanc brillant qui traversent les membranes fibreuses, ils ne sont cependant pas aussi simples qu'ils le paraissent au premier abord. Chacun d'eux est composé d'un faisceau de fibres que l'on ne peut distinguer les unes des autres qu'à l'aide du microscope. Il est probable que les filets du tissu cellulaire sont les plus ténus de tous ; ils varient, dit-on, entre $\frac{1}{3250}$ et $\frac{1}{1430}$ de ligne de diamètre (la ligne est la douzième partie d'un pouce). Leurs bords sont tout à fait lisses, transparents, et paraissent composés de gélatine. Ils forment non-seulement des faisceaux et de larges fibres, mais, arrangés côte à côte, ils composent les parois des membranes les plus délicates.

Le tissu cellulaire constitue le corps entier des animaux placés au dernier rang de l'échelle. Leur corps est formé d'une substance gélatineuse molle, composée de globules translucides, qui pourtant ne sont pas visiblement joints l'un à l'autre, et n'ont rien de cette structure fibreuse qui est le véritable caractère de la membrane cellulaire dans les êtres d'une organisation plus parfaite.

A mesure que les divers organes se développént, le tissu cellulaire acquiert plus de consistance et diminue en quantité. Il est entremêlé dans tout l'ensemble d'un animal adulte, et il entre dans la composition de chacun de ses organes, quelque petit qu'il soit. Il est tellement répandu partout, qu'on a dit avec raison, que si on enlevait toutes les particules d'une structure différente de la sienne, et tous les dépôts qui se trouvent dans ses interstices, il resterait encore une espèce de cadre où la forme et l'arrangement de chacune des parties du corps seraient encore reconnaissables.

Le tissu cellulaire paraît destiné à unir les diverses parties constituantes du corps, à les tenir en place par la force élastique dont il est merveilleusement doué ; à faciliter les mouvements au moyen de son fluide lubréfiant, qui empêche les effets fâcheux du frottement et des secousses, et à fournir le cadre et la structure de chacune des parties du corps. On a aussi supposé qu'étant un mauvais conducteur de la chaleur, il tend à conserver l'uniformité de la température du corps. C'est ainsi qu'entre les mains d'un Dieu infiniment sage cette substance si simple remplit plusieurs buts très-différents !

En examinant l'organisation interne de tous les corps vivants, on s'aperçoit bientôt qu'ils sont composés d'une réunion de solides et de liquides. Les parties solides sont composées de fines particules arrangées de manière à former des fibres et des tissus de densité et de structure variées. Partout ces solides sont imprégnés d'un fluide circulatoire dont les molécules servent à la composition du solide lui-même, et au moyen desquelles le système organique se nourrit. En essayant de pénétrer au delà d'un certain point dans la texture intime des solides, on a été arrêté; l'œil n'a pas pu pénétrer plus avant, aucun instrument n'a pu suivre les mystères de la structure organique, ou ceux de ses fluides circulatoires.

La vie est essentielle à la circulation des liquides de tout le système, et c'est aussi par son pouvoir que certains tubes deviennent capables d'absorber des particules de matières étrangères, de les emporter dans la masse du fluide circulant, et de les incorporer à chaque organe. D'un autre côté, par la transpiration le corps rejette des molécules qui, après avoir fait partie intégrante de sa masse, sont devenues inutiles, ce qui a fait dire, avec vérité, qu'au bout d'un certain temps aucun être vivant ne demeure complétement le même qu'il était, quoique son identité soit restée. Il est donc facile de conclure de là qu'une dose d'aliments est quotidiennement nécessaire pour contre-balancer la perte, et que là où cette nourriture manque, le corps s'amaigrit, jusqu'à ce qu'enfin l'énergie vitale cède et ne soutienne plus la structure organique. Pour qu'un corps organisé croisse en-dimension, il faut que les molécules qui arrivent soient en excès sur celles qui partent. C'est pour cela que de la naissance à l'âge mûr il se fait non-seulement une circulation rapide du fluide vital au travers de tout le système, mais un apport et une assimilation active de matières étrangères, ce qui nécessite une demande incessante d'aliments nouveaux.

On a observé qu'au travers d'une membrane végétale ou animale il existe une attraction remarquable d'un fluide léger pour un autre qui est plus dense. Dutrochet a trouvé qu'en remplissant de sirop clair la vessie natatoire d'une carpe, et en la plaçant dans l'eau, la vessie augmentait de poids en attirant l'eau à travers ses parois. Il a donné à cette action le nom d'*endosmose*, mot qui est composé de deux mots grecs qui signifient que le courant *va à l'intérieur*. Il a aussi découvert que si l'on remplit d'eau la même vessie, et qu'on la place dans un sirop clair elle perd alors de son poids, son contenu étant partiellement attiré au travers de sa substance par le sirop environnant. Il a appelé cette action *exosmose*, puisqu'ici le courant *va à l'extérieur*. Le même résultat a lieu dans le passage des liquides au travers du tissu des plantes. On peut les gorger de liquide en les plaçant simplement dans l'eau, et on peut les vider en rendant le fluide dans lequel elles sont placées plus dense que celui qu'elles contiennent. Dutrochet dit que l'eau épaissie de sucre dans la proportion de 1 partie de sucre, pour 2 parties d'eau, produit une force capable de soutenir une colonne de mercure de 126 pouces, ou le poids de quatre atmosphères et demie.

Cette force dépend néanmoins de la vie; elle n'est pas en action dans les racines des plantes mortes. La mèche d'une lampe n'aspire l'huile que lorsqu'elle est allumée, en sorte que le liquide déjà absorbé disparaît en partie, et que l'attraction capillaire remplace ce que la combustion enlève. Ce que les plantes exhalent par les feuilles, l'endosmose le leur rend intégralement, mais si la vitalité est détruite, l'absorption cesse avec elle.

Les corps organiques ne croissent donc pas par l'action qu'exercent sur eux les agents extérieurs, mais en faisant servir ceux-ci à leur propre usage. Le premier trait caractéristique de toute vitalité est en effet l'acte de la nutrition. On ne le retrouve que dans les êtres organiques. Sa première action paraît être d'altérer le milieu environnant. L'oxigène de l'air est le grand soutien de la vie ; il est indispensable à toute opération vitale. Dès qu'elle en est privée, l'existence organique cesse, ou bien elle est incapable de se développer avec énergie.

C'est en vain néanmoins que nous demandons ce que c'est que la vie ? Si nous interrogeons la chimie, elle nous apprend tout simplement que les éléments des corps organiques sont : le carbone, l'oxygène, l'hydrogène, l'azote, puis quelques sels alcalins et terreux. La chimie, qui est toute-puissante dans le vaste empire de la matière inerte, est également incapable de déterminer ce que c'est que la vie. Dans les limites de son domaine elle peut analyser, combiner, liquéfier des solides et solidifier des liquides, elle peut résoudre les corps en leurs gaz élémentaires, puis les recombiner, elle peut déterminer les proportions nécessaires pour que deux ou trois corps s'unissent, et donnent pour résultat un produit totalement différent de chacun des composants; mais elle est impuissante pour recomposer un seul fluide ou une seule partie solide d'un corps organique. La chimie ne peut pas créer. Et de même qu'elle ne peut déterminer la nature réelle des parties constituantes des corps organiques, elle ne peut non plus découvrir les moyens qui leur permettent de maintenir leurs différences spécifiques, non-seulement quant à la forme, mais quant à la qualité de leur substance, qualité qui diffère beaucoup même dans des cas où une nourriture identique est reçue à tous les instants. Le même sol, la même eau, le même air peuvent nourrir la vigne et l'aconit, la rose et la ciguë, la plante nutritive et le poison mortel. Leurs racines et leurs feuilles peuvent être entrelacées, mais leur identité et leurs propriétés spécifiques demeurent sans altération.

En outre le Créateur de toutes choses a doué la nature organique d'une propriété remarquable, que possèdent les tubes de tout ce qui a vie, et de laquelle dépend leur action. Les physiologistes la nomment *irritabilité*. C'est un pouvoir qui réside dans les parties fibreuses des corps organiques, et qui les met en état de répondre à l'action de divers stimulants intérieurs ou extérieurs, par des mouvements de contraction et d'extension. Les tubes et les vaisseaux deviennent par là des agents qui ont pour fonction de propager le fluide circulatoire. Ce pouvoir est très-évident dans la

sensitive, dont les feuilles se ferment à l'attouchement; dans le tournesol, quand il se tourne de
lui-même vers la lumière, et dans le bouton de
fleur qui s'ouvre au lever du jour.

Chez les animaux nous retrouvons cette propriété développée d'une manière étonnante dans
les fibres des muscles, soit que ces muscles se
trouvent être de la classe dite *involontaire*, tels
que ceux du cœur; ou d'un caractère mixte comme
ceux de la respiration, ou purement volontaires
comme ceux de la locomotion. Plusieurs savants
regardent l'irritabilité des fibres musculaires comme dépendante immédiatement de l'influence des
nerfs, et non pas comme une faculté indépendante
d'eux. Or il est certain que la volonté agit par le
moyen des nerfs comme un stimulant des muscles
volontaires, puisque nous pouvons mouvoir un
membre selon notre bon plaisir. Il est évident
aussi que l'agitation du système nerveux, produite
par une cause quelconque, influe sur l'action des
muscles volontaires, même sur ceux de la volonté.
Mais il n'y a dans tout cela rien qui contredise l'o-
pinion, que l'irritabilité est une propriété inhérente
à la fibre musculaire, puisqu'elle n'est pas anéantie si l'on coupe toute communication entre les
nerfs et le cerveau ou la moelle épinière, qui sont
les grands centres de l'action nerveuse. Si, par
exemple, on sépare le cœur d'une grenouille de
son corps, il continue à battre un certain temps;
et même lorsque toute action paraît avoir cessé,

ces contractions peuvent recommencer par l'application d'un stimulant. Le même fait peut être aussi observé sur les têtes d'animaux récemment tués ; on voit, par exemple, les muscles d'un bœuf écorché et suspendu, se contracter et se relâcher par l'application d'un excitant.

Le développement et la croissance des êtres vivants pour lesquels le Créateur a combiné et préparé tant d'arrangements aussi minutieux qu'admirables, présentent des phases déterminées. Au temps fixé, la maturité arrive et un changement devient visible. Les besoins de nutrition du système sont moins pressants ; l'assimilation n'est plus si rapide ; les fluides circulatoires ne reçoivent qu'une faible impulsion, et les phénomènes de la vie sont accompagnés de langueur. Ce déclin, avant-coureur de la mort, provient de l'épuisement graduel de l'énergie vitale, épuisement dont nous ne pouvons pas rendre compte. Nous l'appelons bien une loi de la nature, mais pourquoi la machine organique, une fois montée, ne va-t-elle pas toujours ? Pourquoi la même puissance qui l'a amené à la maturité et qui l'a rendue capable de réparer pendant un temps ses pertes et ses échecs, ne continue-t-elle pas à agir avec toute sa mystérieuse énergie ? Qui peut répondre à cette question ?

« Il paraît » dit Cuvier « que la vie cesse, par « des causes semblables à celles qui interrompent « tous les autres mouvements connus. Le durcis- « sement des fibres, ainsi que l'obstruction des

« vaisseaux, rendraient la mort une conséquence
« nécessaire de la vie, comme le repos est la con-
« séquence de tout mouvement qui ne s'opère pas
« dans le vide, si cette issue n'était pas accélérée
« par une multitude de causes extérieures. »

Cette rigidité des fibres, et cette obstruction des
vaisseaux sont une des raisons, mais ne sont pas
l'unique raison de la mort. Ils sont eux-mêmes les
effets d'une cause antérieure, et ne peuvent nulle-
ment être comparés aux phénomènes produits par
les agents chimiques. En un mot, les limites de la
durée des êtres vivants sont déterminées par des
lois aussi certaines, mais aussi mystérieuses que
celles qui ont présidé à leur forme et à leur accroissement régulier. Dès que le principe vital a
cessé, tous les phénomènes qui distinguaient la
matière organique de l'inorganique cessent aussi.
La forme extérieure peut bien subsister pendant
une période plus ou moins longue, mais elle n'est
plus sous l'influence des lois de la vie. Ses molécules ont passé sous les lois d'un autre empire;
elles forment de nouvelles combinaisons, elles se
perdent et se mélangent avec les éléments voisins.

La matière inorganique ne nous présente aucune analogie de transitions semblables. Qu'elle
croisse ou qu'elle diminue, chacun de ses changements est le résultat d'agents extérieurs, et dépend directement des lois de la chimie ou de la
mécanique. Mais il n'y a point là de lien vital; la
mort est la consommation nécessaire de la vie; le

but auquel elle tend ; la destinée irrévocable de l'existence organique.

Quant à la dissolution de notre race, elle n'est point mystérieuse pour le croyant. Il sait que « par « un seul homme le péché est entré dans le monde, « et par le péché la mort ; et qu'ainsi la mort est « venue sur tous, parce que tous ont péché. » — « Dieu soit loué pour son don ineffable. » Jésus-Christ « le chef et le consommateur de notre foi, « a mis en évidence la vie et l'immortalité par « l'Évangile. » Ceux qui ont reçu son témoignage savent que toutes les promesses de Dieu sont oui et amen en Lui, aussi croient-ils du cœur que la mort et les choses à venir sont *à eux*, parce qu'ils sont à Christ.

En finissant cette partie de notre sujet, nous sentons que la vie, même dans ses formes les plus simples, doit demeurer un mystère. Ici, comme dans une foule d'objets de la nature, Dieu a placé une barrière que nous ne pouvons dépasser. La sphère de l'homme est bornée, ses recherches sont limitées. Les mystères qui l'environnent et qu'il porte au dedans de lui-même sont beaucoup trop profonds pour être pénétrés. Prenons donc la place qui nous convient. Nier ce que l'évidence atteste parce que cela est au-dessus de notre por-tée, est une folie et une faute grave. Quelques-uns l'ont commise ; quant à nous, soyons humbles comme il convient à des disciples soumis. L'infir-mité de l'homme se montre dans ses ouvrages les plus parfaits, mais les perfections de Dieu se révèlent dans toutes ses œuvres. Que notre pensée, au milieu de notre ignorance et de nos erreurs, soit donc de nous tourner avec reconnaissance vers Celui qui connaît toutes choses. Lĕs phénomènes que présente la vie ont tous été arrangés par Lui; il est Lui seul la source de ce principe fécond. Lui seul comprend cette *chose inexplicable*, elle dépend de sa volonté, et c'est dans ses mains que reposent les sources de la vie et de la mort.

CHAPITRE IV

NATURE ORGANIQUE DIVISÉE EN ANIMAUX ET VÉGÉTAUX.

Nous avons déjà vu que les objets de la nature se distinguent en corps inorganiques et en organiques; nous allons montrer maintenant que cette dernière classe se subdivise en deux autres : les animaux et les végétaux.

On caractérise ordinairement les animaux en disant que ce sont des êtres vivants, sentants et capables de mouvement, tandis que les végétaux ne possèdent que la vie. Afin d'arriver à des idées plus claires et plus définies, examinons de plus près les différences qui les distinguent.

Les végétaux sont fixés en terre par la racine; le reste s'élève dans l'air, et renferme trois parties : la tige, les branches et les feuilles. Ces diverses parties ne sont point arrangées d'une manière rigoureusement symétrique, mais on y voit partout l'ordre et l'harmonie. Un végétal est le type de son espèce, une feuille est le type de chaque feuille de la même plante, et par conséquent des feuilles de toutes les plantes de la même espèce ; mais c'est là tout. L'ormeau, par exemple, a son écorce, ses feuilles particulières, son arrangement de branches spécial ; on ne le prendra jamais pour un chêne. Mais quoique l'ormeau soit le type de son espèce, il ne présente pas le même nombre de branches ou de feuilles, ni les mêmes proportions relatives qu'un autre ormeau. De plus, le végétal est fixé au sol, il est incapable de se déplacer, il ne possède ni force, ni volonté pour se mouvoir. Mais il ne peut éviter une attaque ; s'il est hors d'état de se protéger lui-même, il est également insensible à la peine et au plaisir. Un être sentant, c'est-à-dire susceptible à la fois de peine et de plaisir, doit être doué d'une action volontaire et doté du pouvoir de la locomotion.

La plante connue sous le nom d'*attrape-mouches de Vénus* (*Dionæa muscipula*), (voir la figure ci-derrière) qui habite la partie méridionale des États-Unis, nous offre l'exemple d'un rapprochement avec la vie animale. Plusieurs des feuilles de cette plante sont bordées d'un rang de longues épines, et possèdent le curieux pouvoir de replier leurs côtés l'un sur l'autre, et d'enfermer l'insecte qui se pose à leur surface. Sur l'épiderme de chacune des moitiés de la feuille, sont placées trois épines. Dès que l'on touche légèrement l'une d'elles, le mouvement de la trappe s'opère. Les épines se croisent si exactement l'une l'autre, que la proie captive ne peut échapper. Plus elle fait d'ef-

ATTRAPE-MOUCHES DE VÉNUS. — DIONÆA MUSCIPULA.

forts pour se dégager, plus la pression de la
feuille est énergique. La gravure montre clairement la structure de ces feuilles et leur action.
Les victimes ainsi saisies paraissent fournir à la
plante l'alimentation qui lui est nécessaire, très-
probablement par l'azote contenu dans la matière
animale. Lorsqu'on l'a cultivée en Angleterre dans
des serres chaudes, d'où les insectes avaient été
expulsés, elle est devenue languissante ; mais de
petits morceaux de viande placés sur ses feuilles
lui ont rendu sa vigueur. Ces feuilles, ainsi que
toutes celles du règne végétal, changent tellement
l'eau dans laquelle est dissoute une faible portion
des composants du sol, qu'elle se transforme en

une sève nourrissante, qui est la base de la vie et des fonctions de la plante. Néanmoins, malgré l'analogie que présente ce curieux végétal avec les fonctions animales, son action n'est point volontaire comme celle d'un être sensible; puis il est nécessairement enraciné au sol.

Si maintenant nous examinons un animal, nous le trouvons formé de parties symétriquement arrangées, et constituant un corps qui possède certains membres définis. N'étant pas fixé à une place pour y vivre et y mourir, il est libre, il se meut, il sent, il va où il veut. Telles sont les différences évidentes qui se trouvent entre les plantes et les animaux. Mais si nous passons de ces premières observations à une investigation plus sérieuse de leur organisation respective, nous découvrirons une ligne de démarcation encore plus tranchée.

Dans tous les animaux, nous trouvons un appareil interne destiné à recevoir la nourriture qui doit y être soumise au procédé de la digestion. De la surface intérieure de l'estomac partent une multitude de petits tubes, appelés par les anatomistes *tubes chylifères*, qui saisissent les particules digérées et les entraînent dans le fluide circulatoire où elles perdent complétement leur première apparence, et s'incorporent à l'individu. Or, l'existence seule d'un appareil destiné à élaborer la nourriture avant son admission dans le système, suppose une complication d'organes à la fois internes et externes; internes, pour accomplir le changement nécessaire des objets soumis à leur action ; externes, pour chercher la nourriture et la saisir lorsqu'ils l'ont trouvée.

On ne découvre dans les plantes aucune cavité intérieure destinée à recevoir et à digérer préalablement la nourriture ; elle est reçue sans préparation dans leur système ; les fibres de leurs racines ressemblent aux tubes absorbants qui partent de la surface interne de l'estomac des animaux. La nourriture des plantes se trouve préparée telle qu'elle doit l'être pour les alimenter. Elle est formée de liquides variés et d'éléments gazeux, offerts par le sol et par l'atmosphère. La plante n'a qu'à les absorber. Elle trouve sa nourriture dans le même sol qui a fait germer sa semence, et si, par un accident quelconque elle est empêchée de l'absorber, elle périt prématurément.

Dieu ayant fixé la plante, a placé sa nourriture en contact avec elle ; mais ayant donné à l'animal la faculté de se mouvoir, il l'a pourvu d'un appareil interne destiné à recevoir une provision de matières capables de nourrir et de soutenir sa vie, jusqu'à ce qu'il en reçoive une nouvelle dose.

Cependant, quand nous disons que les animaux sont doués de locomotion, nous n'oublions pas qu'à l'extrémité inférieure de l'échelle des êtres, il en est qui sont dépourvus de cette faculté ; dans ce cas, leur structure quasi-végétale, et l'arrangement de leurs organes extérieurs est en analogie avec celui de la plante. Ces êtres possèdent pourtant un appareil digestif interne, mais très-simple. Si l'animal ne peut pas quitter sa station, il peut du moins étendre au loin ses bras ou tentacules pour chercher ce que les eaux fécondes des rivières ou de la mer peuvent lui apporter. Après l'avoir saisi, il l'absorbe et le digère. Il existe donc entre le polype et la plante une ligne de démarcation étroite, il est vrai, mais visible.

Il est également digne de remarque que la plante ne possède pas une sensation pareille à celle des animaux, ce qui nous amène à remarquer que la faculté de locomotion se trouve ainsi nécessairement liée avec la faculté de sentir. Si une créature susceptible de souffrance et de plaisir, douée de sens variés, d'affections et de passions, était fixée pour toute sa vie comme une statue sur son piédestal, son existence serait un outrage fait à l'harmonie de la nature et à ses lois: Quand Dieu fait ces dons à un être, il lui donne en même temps la puissance de chercher ce qui lui est favorable, et d'éviter ce qui peut lui nuire.

Les différences essentielles qui distinguent les animaux des plantes, sont donc en général celles-ci. Les animaux possèdent une cavité interne pour recevoir et digérer la nourriture. A quelques exceptions près, ils ont des organes de locomotion disposés symétriquement. Ils sont doués de sensation. Le plus grand nombre d'entre eux possèdent même des sens additionnels, la vue, l'ouïe, l'odorat et le goût, qui sont liés à un degré élevé de l'organisation et du développement du système nerveux. Enfin, les êtres ainsi doués présentent des instincts variés et une grande diversité d'affections et de passions.

Nous pourrions aussi énumérer les différences chimiques qui ont été découvertes dans la structure élémentaire des animaux et des plantes. Mais en quoi consistent ces différences? Les plantes, nous dit-on, renferment dans leurs parties solides du carbone, de l'oxygène, de l'hydrogène, quelquefois, mais bien rarement, une trace d'azote, et la silice se trouve incorporée dans leur enveloppe extérieure. Les parties solides des animaux sont formées de chaux ou de magnésie, combinées avec les acides carbonique ou phosphorique; mais si nous comparons aux végétaux mucilagineux les créatures du règne animal qui sont dépourvues de parties solides, telles que les *Méduses* *, nous trouvons que la gomme ou le mucilage des plantes ne donne point d'azote, tandis que ce corps entre largement au contraire dans la composition de l'albumine ou de la gélatine de l'animal mou. On a découvert, il est vrai, dans quelques plantes des substances d'une nature animale, c'est-à-dire riches en azote; mais ces substances ne constituent pas la plante entière; elles ne se rencontrent que dans certaines parties, et toujours combinées avec

---

* Masses rondes, gélatineuses, qu'on observe souvent au bord de la mer.

d'autres substances, décidément végétales ou entièrement composées de carbone, d'hydrogène et d'oxygène. Mais dans les animaux mous, il n'existe aucune combinaison un peu étendue de ces trois éléments, dans laquelle l'azote ne se trouve pas. Les principes élémentaires qui composent les substances animales, sont la gélatine, l'albumine, l'osmazône, le sucre, les huiles, telles que le spermaceti, la graisse, l'huile de baleine, et divers acides, entre autres les acides urique, lactique et benzoïque. Tous les corps solides et liquides de la charpente animale sont formés de ces éléments chimiques.

Les connaissances précédentes n'ont cependant pas satisfait ce profond besoin de savoir auquel nous devons les découvertes les plus remarquables de l'esprit humain. Le microscope a été employé avec ardeur et persévérance à l'examen des tissus animaux et végétaux; ce n'a pas été sans quelques succès. Nous verrons bientôt avec évidence que les coraux sont réellement des animaux; mais il s'est trouvé qu'après avoir soigneusement examiné, à l'aide d'un fort grossissement, quelques-uns des êtres rangés par Cuvier dans la même classe, on s'est convaincu qu'ils n'étaient que de simples végétaux. Dans certains cas le microscope révèle une distinction tranchée entre un tissu animal et un tissu végétal, mais dans d'autres la différence est à peine perceptible. Une étude plus approfondie des divers tissus organiques révélera sans aucun doute des faits importants, qui ajouteront de nouvelles lumières aux connaissances déjà acquises. Du reste, il a été dernièrement prouvé par le professeur Jones « qu'il existe des formes organisées qui sont végétales à une des périodes de leur existence, et animales à une autre. Plusieurs des *conferves*, * par exemple, sont également réclamées par les zoologistes et par les botanistes. Quelques-unes d'entre elles possèdent, dit-on, la locomotion à une des périodes de leur croissance, tandis qu'à une autre elles sont fixes et immobiles. Le règne animal et le règne végétal qui paraissent si différents l'un de l'autre quand on ne les observe que dans leurs types, se rapprochent donc jusqu'à se confondre. Il en est d'eux comme de la lumière et de l'obscurité, qui sont si distinctes l'une de l'autre, qu'aucun être doué de la vue ne peut les confondre quand elles sont dans leur plein, et pourtant quiconque en examinant le ciel vers le soir, voudrait marquer exactement la ligne de séparation entre le jour qui s'en va et la nuit qui s'approche, entreprendrait certainement une tâche difficile. Il en est de même pour le physiologiste qui s'efforce de marquer la limite entre ces deux grands règnes de la nature. Leurs limites se réunissent d'une ma-

---

* Plante selon les uns, animal selon les autres, qui habite les eaux douces et stagnantes, sur lesquelles elles flottent comme des filets verts et déliés.

nière si graduelle et si imperceptible, qu'il est, pour le moment, tout à fait hors de notre puissance de définir exactement le point où cesse la vie végétale, et où commence la vie animale. »

Cette difficulté de démarcation entre les animaux et les végétaux, a conduit le docteur Carus à supposer qu'il pouvait y avoir entre les plantes et les animaux un règne organique original. « C'est le seul moyen, dit-il, qui nous permette de tracer une série vraiment générique de ces organisations singulières, qui, en commençant par la plus simple, vont se fondre d'un côté dans le règne végétal, et de l'autre dans le règne animal. »

CHAPITRE V

L'ÉPONGE, L'HYDRE.

Les animaux que l'on regarde comme placés au dernier degré de l'échelle des êtres, ne sont pas pour cela les ouvrages les moins remarquables du Créateur. Et même, à certains égards, ils excitent un intérêt d'autant plus grand qu'ils se présentent à l'esprit réfléchi avec la plus grande simplicité d'organisation, unie à la vie animale et non pas végétale. La plupàrt des végétaux ont une structure plus compliquée que la leur, mais dans sa simplicité même elle est le point de départ d'une suite de gradations ascendantes, qui nous conduit d'admiration en admiration, jusqu'aux espèces les plus parfaites de la nature animée. Les naturalistes placent au dernier rang de l'échelle des êtres un groupe ou un assemblage d'animaux, dans lesquels on ne peut apercevoir aucun nerf distinct. Leur domicile est presque toujours fixé dans les eaux. Ils sont essentiellement formés d'une substance gélatineuse dont les parties constituantes solides sont en bien faible proportion relativement aux parties liquides. Cette gélatine n'est quelquefois soutenue par aucune espèce de cadre ou de charpente; mais plus ordinairement elle a un noyau ou une enveloppe de matière cornée ou calcaire, qui est élaborée par elle, et dont la forme varie beaucoup.

Quoiqu'on ne puisse découvrir dans ces animaux aucune fibre nerveuse, il est très-probable que la matière nerveuse s'y trouve cependant mélangée avec la gélatine, soit sous la forme d'un fluide subtil, soit sous celle d'atômes inaperçus jusqu'ici. Ils n'ont pas non plus de vaisseaux sanguins, et pourtant on observe dans quelques-uns d'entre eux et dans la substance même de la gélatine qui les forme, des canaux au travers desquels circulent des fluides qu'ils ont absorbés, et qui sont amenés à une cavité centrale. Cet appareil remplit à la fois le double office d'aérer le système (car l'oxygène, avons-nous dit, est indispensable à la vie animale) et de lui fournir la nourriture qui, sans aucun doute, est absorbée et assimilée. Dans quelques-uns des animaux les plus simples, on trouve une série d'organes alimentaires et aérifères plus parfaits, et dont l'usage ne peut être mis en doute. Le pouvoir de locomotion dont ces êtres jouissent, diffère extrêmement selon les espèces. Plusieurs d'entre eux, fixés au sol comme les plantes, vivent et meurent à la même place. Aucun d'eux ne possède de véritables membres, mais plusieurs ont des tentacules, des bras ou des espèces d'antennes avec lesquels ils saisissent leur proie.

Donnons-en un exemple : chacun connaît la légèreté, la mollesse et l'élasticité de l'éponge. Elle présente en général et à peu près partout la même structure. C'est un corps formé de pores nombreux et de trous circulaires, conduisant dans des canaux qui en traversent toute la substance. Elle s'imbibe très-facilement d'une grande quantité d'eau, ou de tout autre fluide qui est retenu dans les mailles de son rude et singulier tissu, jusqu'à ce que, expulsé par la compression, elle reprenne son volume primitif.

Le nom d'*éponge* est dérivé d'un mot grec qui signifie *presser*, et qui montre que dans les premiers temps on avait déjà remarqué cette propriété particulière de l'éponge que nous avons utilisée pour notre usage. Voici comment Homère nous décrit Vulcain obéissant aux ordres de Thétis : « D'abord il s'éloigne de sa forge, il met de côté ses vigoureux soufflets, et rassemblant tous ses outils épars, il les enferme soigneusement dans un coffre d'argent; puis avec une éponge humide il lave son visage, ses bras et son robuste cou. »

Les anciens se servaient des éponges pour en faire une doublure douce et élastique à leurs pesants casques d'airain : nous en tirons nous-mêmes des usages très-variés.

L'étendue et l'importance des pêcheries d'éponges de la Méditerranée et de la mer Rouge, ont attiré l'attention dès les temps les plus reculés, mais on ne savait guère que penser de la nature réelle de ce produit. Aristote en parle comme d'un être immobile et fixé par des racines, mais d'après d'autres indications, il est probable qu'il croyait devoir le placer entre le règne animal et le règne végétal. Pline qui, dans son chapitre sur les éponges, a beaucoup emprunté au philosophe de Stagyre, les place parmi les productions d'une troisième nature intermédiaire, et qui ne serait ni celle des créatures vivantes, ni celle des plantes.

Cette hésitation n'a rien qui nous surprenne. Qui de nous, en regardant une éponge, ne la prendrait au premier coup d'œil pour une espèce de végétal? Si on objectait que lorsqu'on la détache du fond de la mer elle est couverte d'une membrane gélatineuse, on peut répondre qu'il en est de même de plusieurs espèces d'herbes marines. On pourrait ajouter qu'elles semblent n'avoir aucune sensibilité ni aucun mouvement. L'éponge ne montre pas même l'irritabilité de la sensitive, du tournesol ou de la marguerite, qui se referment parfois vers le soir. Elle est enracinée à la même place, elle ne possède pas de canal alimentaire bien défini, elle ne peut pas même choisir sa nourriture, de sorte qu'en effet le règne animal et le règne végétal semblent se confondre dans cette singulière production de la nature.

Il s'est passé bien du temps avant que l'opinion

des savants fût réellement fixée sur ce sujet. Ray et Linné avaient placé les éponges parmi les végétaux marins. Ce fut à un marchand de Londres nommé John Ellis, qui consacra ses loisirs à l'étude de la nature, que nous devons une connaissance plus exacte de ce qu'elles sont en effet. Après avoir eu quelques doutes sur ce sujet, il en vint à penser que l'éponge était un animal à travers les pores et les canaux duquel l'eau circule librement. Ses travaux furent récompensés, en 1768, par la médaille de Copley, que lui décerna la Société royale, et l'opinion qu'il énonça à cette époque est encore celle de la plupart des naturalistes et des physiologistes d'aujourd'hui. Parmi eux le docteur Grant mérite une mention spéciale pour l'examen minutieux et approfondi qu'il a fait de la structure et des habitudes de ces êtres remarquables.

L'éponge que l'on appelle *éponge à pain*, est assez bien décrite par le nom qu'elle porte, et qui lui a été donné non-seulement à cause de son ap-. parence, mais aussi à cause de la sensation qu'elle fait éprouver au toucher. Une autre éponge (*spongia fluviatilis*) se trouve assez souvent attachée aux pierres des ruisseaux limpides. Sa couleur varie du vert clair au brun pâle, et elle en change selon l'action de la lumière. C'est à cette circonstance que les éponges d'eau douce ont dû d'être placées dans le domaine du règne végétal. Mais on a tiré une conclusion différente de l'observation des éponges marines. Plusieurs d'entre elles habitent la partie des bords de l'Océan qui avoisine les limites de la marée basse, et qui les met à même d'être tantôt couvertes d'eau, tantôt exposées aux influences de l'atmosphère. D'autres éponges, dont la texture est fibreuse ou charnue, habitent les eaux profondes, et ne sont jamais à découvert.

On dit que plus leur position les expose aux violentes agitations de la mer, plus leur structure est proportionnellement dense et compacte. Dans les latitudes inter-tropicales, elles atteignent des dimensions gigantesques, des formes étranges et grotesques. Dans les latitudes plus froides, elles sont plus petites, mais d'une texture plus ferme et plus roide. Elles croissent souvent dans des endroits que la marée basse laisse à découvert, mais leur demeure favorite est toujours dans les lieux abrités et tranquilles, dans les trous et les fissures des rochers, où la limpidité de l'eau n'est jamais troublée par la tempête, et conserve un azur foncé et splendide. Fixées au rocher comme des plantes, elles ornent de leurs festons les profondes cavités de la mer; elles tapissent les parois des grottes sous-marines, et pendent à leur voûte en ornements bizarres, les unes comme des gobelets renversés, nommés à cause de cela, *coupes de Neptune;* d'autres en forme d'éventails, de globes ou de rameaux d'une apparence massive.

Dans la mer Méditerranée, et surtout autour des îles de l'Archipel, on trouve les éponges adhérentes aux rochers, d'où on ne les détache qu'avec de grands efforts. Dans plusieurs des îles de la Grèce, les habitants sont dressés dès leur enfance à cette pêche productive. La transparence extraordinaire de l'eau facilite leur travail. Dans les Cyclades, la pêche de l'éponge forme le principal métier de la population. La mer y est en tout temps d'une limpidité remarquable, et les plongeurs sont capables, à force d'habitude, de distinguer les points où croissent les éponges, à travers une masse d'eau qui permet à peine à un œil inexpérimenté de voir les cailloux du fond.

Chaque bateau est muni d'une grosse pierre fixée à un cable, le plongeur la saisit d'une main et saute dans l'eau la tête la première. Ce poids accroît la rapidité de sa descente, et ménage par conséquent son souffle ; ce cable facilite son retour lorsque, épuisé par la privation d'air, il se fait rapidement hâler par ses compagnons. Peu d'hommes peuvent rester plus de deux minutes au fond de la mer, et comme le moyen employé pour détacher les éponges est très-fatigant, il faut quelquefois trois ou quatre descentes différentes pour obtenir un bel échantillon.

Les canaux et les pores d'une éponge vivante sont remplis d'un fluide qui ressemble au blanc d'œuf, et dont la quantité varie selon l'espèce. Si l'on en examine une goutte au microscope, il paraît entièrement composé d'un peu de moisissure et de très-petits grains transparents, sphériques ou ovales, presque tous de la même dimension. Le réseau fibreux de l'éponge, que nous connaissons tous parfaitement, est la charpente et le squelette de l'animal vivant. Les caractères qu'il présente diffèrent essentiellement selon les espèces qui sont extrêmement nombreuses.

Dans l'éponge commune les fibres ont une texture élastique et cornée, et sous un grossissement un peu fort elles paraissent tubulaires. Dans d'autres espèces, la charpente est formée d'un tissu

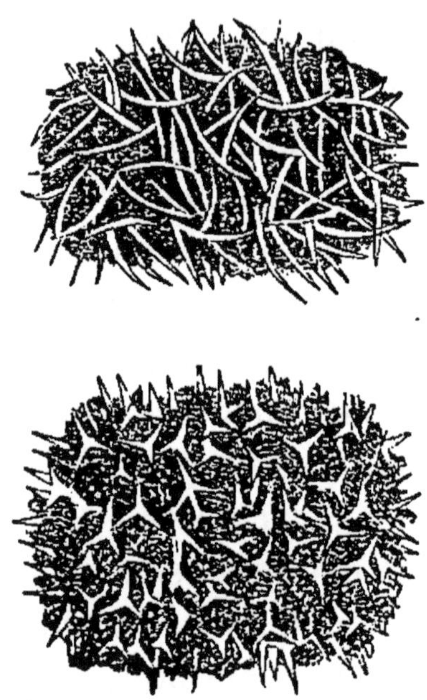

ÉPONGES.

La figure supérieure représente une éponge munie de fibres cornées, l'inférieure a des spicules siliceux.

ferme, non flexible, composé de filaments tubulaires entrecroisés, et la gélatine vivante présente

des bandes d'une consistance plus cartilagineuse
qu'à l'ordinaire, et se trouve plus ou moins remplie de petites pointes cristallisées. Ces pointes ou
spicules sont tantôt simples comme des aiguilles,
tantôt subdivisées en trois ou quatre pointes di-
vergentes. Elles sont placées longitudinalement,
et en grande quantité, autour du canal interne
dont elles forment les parois, et on peut les recueillir en lavant une éponge dont la matière animale est en décomposition, ou en la brûlant à la
flamme du chalumeau. Elles sont en général formées de silice ou de pierre à fusil (flint), et malgré
leur petitesse elles sont assez dures et assez ré-
sistantes pour rayer le verre.

On a aussi découvert, dans les cendres de l'é-
ponge commune, une petite quantité de silice, qui
entre comme partie constituante dans la composition de ses fibres élastiques. Il paraît en outre que
la proportion de silice augmente avec la consistance des fibres de l'éponge, et que, quand elles
sont élastiques, la matière animale prédomine.
La forme des spicules étant toujours la même
dans chaque espèce, peut par conséquent fournir
un caractère pour les différencier. Dans quelques
espèces elles sont calcaires, mais qu'elles soient
calcaires ou siliceuses, elles présentent toujours
les formes cristallines qu'affectent la chaux ou la
silice dans les circonstances ordinaires.

Quoique chaque espèce d'éponge possède une
figure caractéristique, il n'existe pourtant pas

deux individus de même espèce, qui se ressemblent complétement pour la forme extérieure, ou pour le nombre et la direction de leurs larges canaux. Parmi les animaux d'un ordre plus relevé, chaque espèce ressemble aux espèces voisines par la charpente des membres et la disposition des dents, par la longueur et par la forme des oreilles, de la queue, du museau, etc., par l'arrangement et la couleur des poils, des pointes, des écailles ou des plumes. Mais ce quelque chose de défini et d'arrêté dans la forme extérieure, qui implique nécessairement une régularité correspondante dans le nombre et dans l'arrangement des parties composantes, diminue par degrés à mesure que l'on descend vers les groupes inférieurs, et lorsqu'on arrive aux derniers on est tout surpris de trouver une grande diversité dans les individus, au milieu même de la similitude de l'espèce.

Cependant cette surprise cessera si l'on réfléchit à la différence des lois du système nerveux, et à celles qui régissent les êtres inférieurs. S'il n'y a pas deux éponges de même espèce qui se ressemblent parfaitement par la forme extérieure ou par le nombre des canaux intérieurs, c'est que ces canaux se multiplient à mesure que l'animal croît, et que leur croissance, tantôt favorisée, tantôt entravée par les circonstances extérieures, les oblige souvent à se développer dans une de leurs parties plus que dans l'autre. Cette loi de variation a cependant aussi ses limites, qui empêchent qu'une espèce ne se confonde avec une autre espèce. Ainsi les éponges à coupes ne se rapprochent jamais par leurs formes des éponges à branches, ni celles-ci des éponges qui affectent la forme d'une touffe de mousse. Mais deux éponges à coupe ne présentent jamais précisément le même contour, ni deux éponges à branches la même forme et les mêmes ramifications.

Le docteur Grant ayant un jour placé sous son microscope une petite branche d'éponge contenue dans un verre plein d'eau de mer, aperçut à la lumière d'une bougie transmise au travers du liquide, un mouvement intérieur dans les parties opaques

ACTION D'UNE ÉPONGE VIVANTE.
L'eau paraît poussée en bas.

qui flottaient dans l'eau. En faisant mouvoir le verre de manière à mettre pleinement en vue une des ouvertures de l'éponge, il aperçut pour la première fois, dit-il, « le splendide spectacle d'une fontaine vivante, projetant par une cavité circulaire un torrent impétueux de matières liquides, et lançant avec force et rapidité une succession de masses opaques qu'elle répandait tout autour. La beauté et la nouveauté d'une telle scène dans le règne animal arrêta longtemps mon attention, mais après vingt-cinq minutes d'observation constante, la fatigue me força à éloigner mon œil de l'instrument, sans que durant tout cet intervalle j'eusse vu ce torrent changer un seul instant de direction, ou diminuer en rien la rapidité de sa course. Je continuai à observer le même orifice pendant cinq heures consécutives, et à de courts intervalles ; je l'observais quelquefois pendant un quart d'heure de suite, et toujours ce courant roulait avec une vitesse égale et constante. » Ces courants n'ont lieu que dans les parties de l'éponge placées sous l'eau ; ils cessent immédiatement dès qu'on les met à sec, ou quand l'animal meurt. Quoique l'éponge ait été placée tout au bas de l'échelle des êtres animés, la sagesse et la bonté du Créateur ne l'ont point négligée, il en a pris autant de soin que de l'éléphant dans ses jungles, ou du chameau dans les sables du désert. Il suffit pour s'en convaincre de fixer un moment son attention sur le mode de multiplication des éponges.

Dans certaines saisons de l'année, quelques grains jaunes et visqueux sortent de la substance qui recouvre le squelette de l'éponge, et projettent dans ses cavités les germes d'une race future. Chaque germe a la forme d'une espèce d'œuf, dont la surface est en partie couverte de petits poils appelés *cils*, à cause de leur ressemblance avec ceux des paupières. Ces cils sont doués d'un pouvoir de vibration. A quoi pensez-vous que ces appendices du germe ovulaire soient bons? La réponse mérite d'être pesée par ceux qui croient que les choses réputées vulgaires sont au-dessous du regard de l'Éternel. Ces cils vibratoires servent de rames au petit germe pour

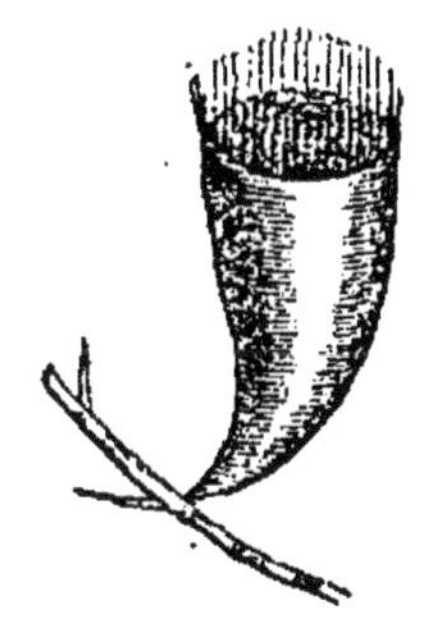

CILS
D'UN POLYPE.

s'éloigner dès qu'il tombe de la substance-mère, et pour gagner quelque autre place où il puisse s'attacher lui-même. Alors, et dès que le but pour lequel ils avaient été créés est rempli, les cils tombent, et le germe en se développant prend graduellement la forme particulière et toutes les qualités de l'éponge-mère.

Examinons maintenant l'histoire naturelle d'un autre animal très-remarquable, non-seulement par les merveilles qui lui sont particulières, mais aussi parce qu'il nous servira d'introduction à l'étude d'une grande variété d'animaux d'une structure voisine de la sienne. Nous devons sa connaissance

à M. Trembley. En 1741 il observa certains corps
fibreux adhérant aux feuilles de quelques plantes
aquatiques. Il crut d'abord que c'étaient des parasites, * mais une observation plus attentive lui
fit découvrir que ces corps étaient doués de la vie
animale, et après bien des observations il publia

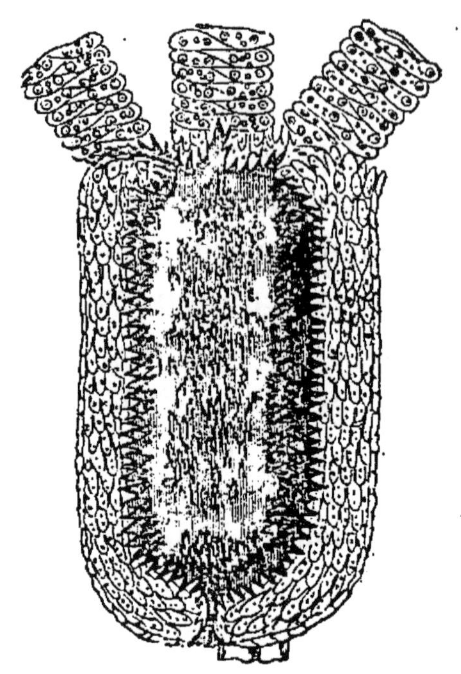

SECTION DE L'HYDRE BRUNE. — HYDRA FUSCA.

un volume octavo sur leur structure et leurs habitudes. Les détails de cet ouvrage sont très-intéres-

* On appelle *parasites* les plantes ou les animaux qui vivent aux dépens d'autres plantes ou d'autres animaux. Le
gui est un parasite, il provient de semences déposées avec
les déjections des oiseaux sur l'écorce des arbres. Après avoir
enfoncé profondément ses racines entre le bois et le liber, il
détourne à son profit la sève de l'arbre qu'il ruine en le suçant.

sants et vraiment étonnants; ils sont un exemple remarquable de cette vérité, c'est que l'étude soigneuse et persévérante de la plus petite des créations de Dieu fournit toujours à celui qui s'y livre une ample récompense, et manifeste autant que des œuvres plus grandes, le pouvoir, la sagesse et la bonté du Créateur. Que le lecteur imagine ce que peut être un morceau d'environ un tiers de pouce du mince tuyau de la plume d'un pigeon, et il aura devant lui la forme et la dimension de l'*hydre verte* découverte par Trembley, et que chacun peut retrouver dans les étangs herbeux, ou dans les courants d'eau très-lents. Jusqu'à ces derniers temps on a décrit l'hydre comme un petit tube vivant ne présentant à notre œil qu'une substance gélatineuse entremêlée de petits grains. Mais M. Gervais après avoir étudié un de ces êtres avec toutes les facilités que donne la puissance du microscope moderne, a démontré que l'animal est plus complexe qu'on ne l'avait supposé. Sous un fort grossissement on aperçoit parfaitement la texture des granules et leur arrangement par couches, comme le lecteur peut le voir dans la figure ci-jointe. M. Gervais pense qu'elles ont chacune leur office distinct. Il croit que les rangées externes servent d'enveloppe à l'animal, et que les rangées internes qui sont composées de particules coniques concourent à l'acte de la digestion. Les quelques filaments subtils que l'on observe autour de la bouche semblent faire l'office de bras.

Cet animal reçoit une influence visible de la lumière, car lorsqu'il est placé dans un verre, il recherche toujours le côté le plus lumineux. Sa position favorite paraît être celle de rester suspendu à la surface de l'eau au moyen de son extrémité inférieure appelée son pied. Il est visiblement susceptible de crainte, car si on le touche rudement, il se contracte en un petit globule pour se garantir et échapper ainsi à la vue. Il peut changer de place dans l'eau, et voici comment il s'y prend pour s'avancer lentement le long des tiges ou des feuilles des plantes. Il fixe le suçoir de son pied de manière à s'attacher solidement, puis penchant doucement le corps en bas, il décrit un quart de cercle, jusqu'à ce que sa bouche atteigne quelque autre partie de la tige ou de la feuille sur laquelle il stationne ; il se fixe alors par la bouche ou par les bras qui entourent celle-ci, il ramène le suçoir de son pied, l'assujettit de nouveau, dresse son corps, le courbe, s'accroche par les bras, et en continuant ces mouvements successifs il se meut avec lenteur, il est vrai, mais avec sécurité. Il lui faut plusieurs heures pour exécuter un voyage de quelques pouces.

Quelquefois il emploie un procédé deux fois plus expéditif, c'est celui de marcher au moyen d'une série de sauts. Après avoir adhéré par le suçoir, il le détache, mais au lieu de l'amener vers la bouche, il le pousse au delà aussi loin que possible, en décrivant un demi-cercle ; il fait ensuite un mouvement semblable avec sa tête. L'hydre a encore un autre moyen de locomotion. Elle se meut dans l'eau avec une grande rapidité. Suspendue la tête en bas, et retenue à la surface par son suçoir qui lui sert de flotteur, elle se laisse entraîner par le courant et par la brise, saisissant sur son passage les objets qui sont à la portée de ses bras, ou bien encore, selon sa fantaisie, elle se fixe à une tige ou à une feuille, dont elle fait un port où elle jette l'ancre pour se délasser de ses longs voyages.

Le moyen qu'emploient ces petits êtres pour trouver de la nourriture, se voit clairement en examinant les mouvements de *l'hydre à longs bras.*

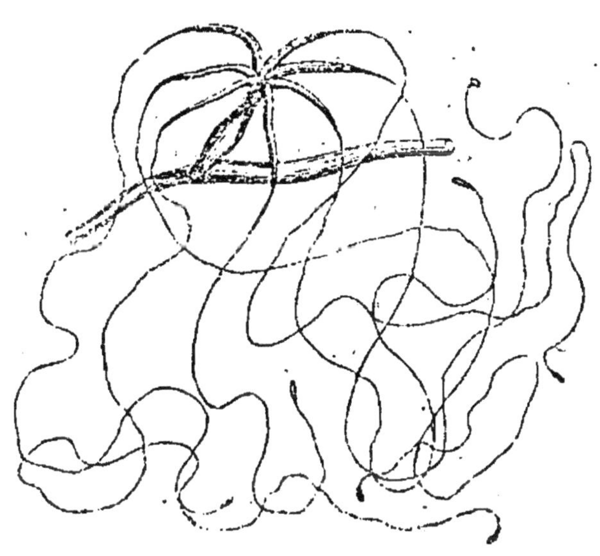

L'HYDRE A LONGS BRAS.

Si l'on met dans une fiole transparente et remplie d'eau, une des feuilles auxquelles ces polypes sont attachés, et si l'on place ce verre près d'une fenêtre, on verra bientôt ces petits animaux étendre leurs bras pour chercher leur proie. Si l'on jette dans cette eau un petit ver, on le verra bientôt faire de violentes contorsions, comme s'il connaissait le danger qui le menace, et l'on voit bientôt aussi ses ennemis se mettre en mouvement pour le saisir. L'une des hydres sort ses bras, les jette en avant, en les allongeant s'il le faut de plusieurs pouces, et en les amincissant comme les fils d'une toile d'araignée, puis saisissant subitement et étourdissant sa proie, elle la paralyse à l'instant. Ces bras sont merveilleusement construits pour cela, leur substance ressemble à celle du corps; c'est une gelée pleine de petits grains. Ils sont tubulaires et conformés de manière à pouvoir être étendus ou contractés à plaisir; ils sont de plus remplis d'un liquide dont la projection fait cesser aussitôt le combat de la victime.

La multiplication de ces animaux est ce qu'il y a peut-être de plus extraordinaire en eux. Si l'on coupe leur partie supérieure, elle est bientôt complétée par l'addition d'une queue, et si l'on sépare la queue, on y voit bientôt paraître une tête avec ses appendices. D'autres sections produisent le même résultat, et l'on peut, avec un seul individu, en faire naître un nombre si considérable d'autres, qu'il justifie parfaitement le nom d'hydre, primitivement donné à un animal fabuleux qui réparait sur le champ la perte d'une de ses têtes quand on la lui avait coupée.

Un Anglais, nommé Baker, a fait avec Trembley plusieurs expériences de ce genre. Il se forma sous leurs yeux quarante hydres nouvelles provenant de quarante sections différentes. Chaque partie de l'animal fut ainsi capable de reproduire une hydre parfaite, à l'exception des bras, qui ne réussirent pas dans ce cas. « Mais ce qui est encore plus extraordinaire, dit Baker, c'est que les polypes produits de cette manière deviennent beaucoup plus gros, et sont beaucoup plus prolifiques dans leur multiplication régulière, que ceux qui n'ont jamais été coupés. Il est très-ordinaire, quand on coupe un polype transversalement, de voir un jeune individu sortir de l'une ou de l'autre des deux parties, et quelquefois de toutes les deux ensemble, peu d'heures après que cette opération a eu lieu. Il arrive même qu'une queue qui a été séparée du reste du corps, produit deux ou trois jeunes individus, longtemps avant d'avoir eu le loisir de se former à elle-même une nouvelle tête, et par conséquent sans avoir pu prendre de nourriture fraîche. Les jeunes hydres qui naissent dans ces circonstances désavantageuses, paraissent néanmoins aussi vives et aussi vigoureuses que celles qui sont produites par des hydres non coupées. »

La multiplication naturelle et vraiment extraordinaire de ces créatures ressemble beaucoup à celle des végétaux. On peut facilement l'observer en tenant quelques-uns de ces individus dans un verre rempli de l'eau où ils vivaient, et où l'on a soin de leur fournir de la nourriture. Un petit bouton sort de quelqu'une des parties du corps; il grossit graduellement, et devient bientôt une petite hydre. Chose étrange, on voit une portion de la nourriture digérée par la mère, passer dans le corps de sa progéniture, mais aussitôt que les bras de l'enfant sont assez forts pour saisir une proie, il contribue, lui aussi, en quelque degré, à l'entretien de sa mère. Lorsque la jeune hydre est devenue capable de vivre d'une manière indépendante, elle se détache de celle qui l'a mise au monde, et commence une existence distincte selon son bon plaisir. La gravure suivante explique suffisamment ce qui vient d'être dit.

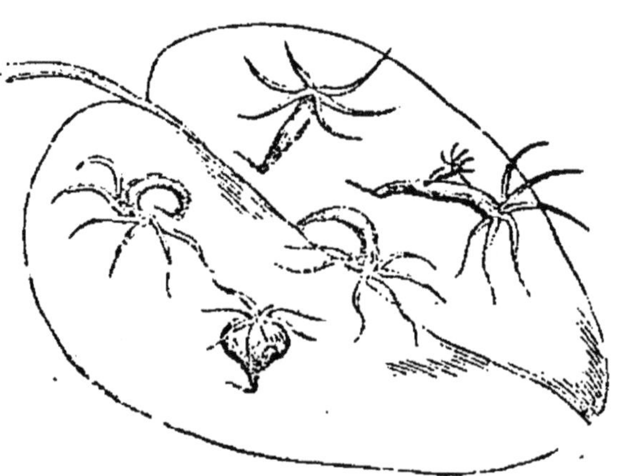

L'HYDRE VERTE, DE GRANDEUR NATURELLE.

On la voit là dressée, marchant, puis sous l'impression de la peur, enfin portant un de ses petits qui vient de sortir de sa surface.

Passons maintenant à d'autres êtres, dont l'histoire n'est pas moins étonnante.

CHAPITRE VI

LE CORAIL.

Qui de nous, en se promenant au bord de la mer, n'a pas retiré de l'eau quelque débris flottant croyant que c'était un fragment de plante marine, et qui de nous ne l'a pas bientôt rejeté avec insouciance, s'il n'y avait rien dans la forme ou dans la couleur de cet objet qui nous parût digne d'attention. Eh bien cet objet pouvait fort bien ne pas être une de ces herbes marines placées à l'extrémité du monde végétal ; ce pouvait être au contraire l'habitation déserte de nombreux animaux qui venaient de la quitter. Les anciens naturalistes nommaient ces êtres-là des *zoophytes*, mot formé du grec et qui signifie, *animaux-plantes*. C'est qu'en effet, il était bien difficile, avant qu'on eût fait les observations nécessaires, de leur assigner une place parmi les ouvrages du Créateur. Mais maintenant que leur rang est parfaitement fixé on peut les nommer avec exactitude non pas des animaux-plantes, mais des animaux qui ressemblent à des plantes.

Le nom distinctif d'une de ces créatures est celui de *polype.*

On dit que ce fut un pharmacien de Naples, Ferrante Imperato, qui affirma nettement le premier que quelques-unes de ces soi-disant plantes étaient des animaux. Son ouvrage fut imprimé à Venise en 1599 ; on en fit plus tard une réimpression, et cependant on l'oublia si complétement, que lorsque, plus de cent vingt ans après, Peyronnet annonça la même découverte à l'Académie des sciences de Paris, ce corps accueillit cette communication comme une chose entièrement nouvelle, et on fit à Peyronnet toutes les objections que provoquent ordinairement les faits nouveaux mais contraires aux idées reçues. Rien n'est plus injuste ; rien n'est autant à déplorer chaque fois que le cas se présente, et il se présente malheureusement trop souvent. Quand un homme affirme une chose, il faut lui demander les raisons sur lesquelles il appuie son assertion, et ne se refuser à le croire que lorsque ses explications ne sont pas suffisantes ou satisfaisantes. Le préjugé donne à nos jugements une légèreté et une précipitation qui nous expose à rejeter des vérités avérées, à soutenir et à perpétuer de redoutables erreurs.

Dans le cas dont nous nous occupons, qu'y avait-il de plus raisonnable que de faire taire, pour un moment, le doute, la critique et les reproches, pour écouter un homme qui exposait des faits et non des rêveries. En effet, Peyronnet avait observé soigneusement sur les côtes de France et d'Afrique, les polypes que les pêcheurs de corail lui apportaient. Il avait reconnu que, très-différents en cela des fleurs, ils avaient la même apparence, en toute saison ; il ne décrivait que ce qu'il avait réellement vu. Et non content d'examiner leur forme et leurs mouvements, il eut recours à l'analyse chimique pour découvrir dans les polypes les principes constituants de l'animal. Il vit que leur partie pierreuse ne portait aucune trace d'organisation végétale ; il constata en outre que lorsqu'ils tombent en putréfaction ils exhalent une odeur animale prononcée. Mais les préjugés n'ont ni yeux ni oreilles, et souvent ils manquent aussi d'attention et de jugement.

John Ellis, que nous avons déjà nommé, mérite aussi sous ce rapport une mention honorable. Tout en s'amusant à arranger sur du papier des plantes marines et des coraux, il fut engagé par la beauté et l'élégance de ces derniers à les examiner minutieusement au microscope. Il se convainquit qu'ils ne différaient pas plus les uns des autres pour la forme que pour la texture, et que dans quelques-uns on apercevait des caractères plus rapprochés de la nature animale que de la nature végétale. Encouragé par les membres de la Société Royale, il poursuivit ses recherches avec ardeur et sagacité, et reconnut bientôt que « ces plantes apparentes étaient des animaux ramifiés ». Son essai sur les coraux et sur les autres productions marines des côtes de la Grande-Bretagne et de l'Irlande, est un ouvrage qui lui fait grand honneur.

Les recherches d'Ellis ne laissent aucun doute. A l'aide du microscope il vit les polypes vivants dans leurs cellules; il observa leur sensibilité relativement aux impressions extérieures, et fut té-

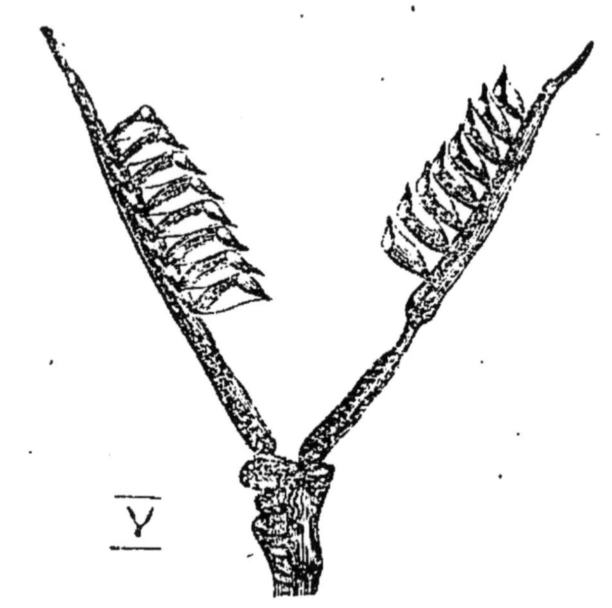

SERTULARIA LENDIGERA.

moin de leurs actions variées; il les vit mettre au dehors leurs bras pétaloïdes pour capturer leur proie. Il observa qu'ils accomplissaient d'autres fonctions, et suivit en particulier les diverses périodes de leur digestion. Grâce à ces découvertes, on sut enfin quelle réponse faire à cette question controversée depuis plus d'un siècle.

Lorsqu'on regarde au microscope un fragment

d'un de ces coraux de la grosseur de la petite figure qui accompagne la gravure précédente, il présente une structure animale très-remarquable. C'est, comme on le voit, une tige centrale d'où partent des branches que l'on peut enlever et qui sont garnies, sur une étendue de deux ou trois pouces d'une rangée de cellules contenant chacune un polype.

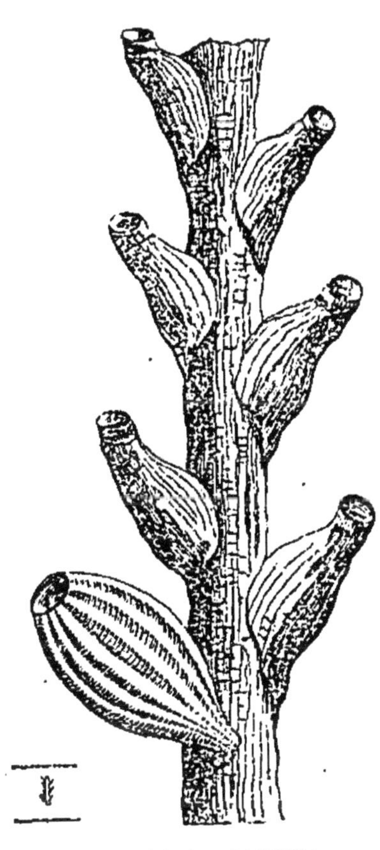

SERTULARIA ABIETINA.

On en rencontre une autre espèce très-élégante qui adhère par ses tubes à plusieurs genres de coquilles, et quelquefois à des pierres ; elle croît très-droite et on la trouve fréquemment empâtée par de petits coquillages. Elle est formée d'une tige centrale, d'où partent plusieurs cellules allongées et ouvertes à leur extrémité, qui contiennent aussi chacune un polype. Ce corail, qu'on rencontre fréquemment, s'élève jusqu'à la hauteur de dix-huit pouces.

Un autre exemple présente une structure très-différente que la gravure suivante nous montre grossie. C'est le corail qu'on observe souvent sur

les moules et qui est commun près des côtes méri-
dionales de la Grande-Bretagne, on le trouve aussi
sur celles de l'Irlande et de l'Écosse. Il est fréquemment attaché aux plantes marines par une fibre
tubulaire, courbée et cornée, dont la couleur ressemble à de la nacre. Cette fibre projette de distance en distance des rameaux plumiformes d'un
pouce à un pouce et demi de hauteur. Ils sont très-
élégants dans l'eau, où ils se tiennent dressés, mais
ils se courbent en séchant. On les a justement
comparés à la fleur du lilas, dont les bords sont
découpés en huit petites dents égales.

« Chaque plume » dit Lister en parlant d'un
échantillon de cette espèce « peut contenir de
quatre à cinq cents polypes. » Le docteur John-

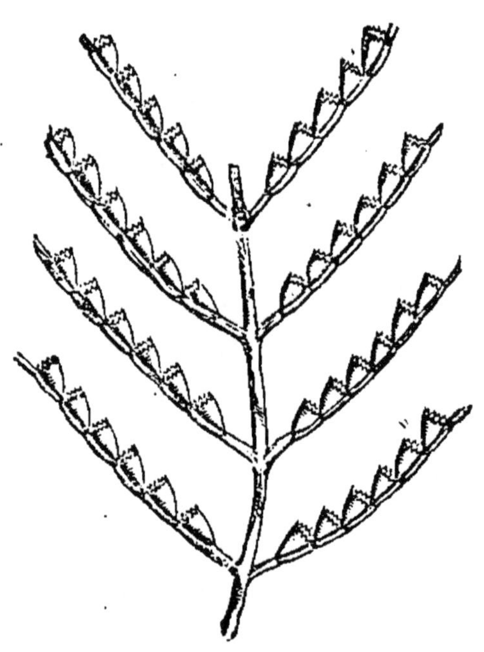

SERTULARIA PLUMA.

stone en a décrit une autre qui n'était pas d'une dimension inusitée et qui avait néanmoins douze
plumes. En supposant sur chaque plume le nombre
bre de polypes indiqué par Lister, cette plante
fournissait donc des habitations à six milles de
ces animaux. On trouva dans un autre échantillon
recueilli par M. Dana, aux Indes Orientales, plus
de douze mille polypes à chaque branche, et
comme le zoophyte entier avait environ trois
pieds de haut et deux branches opposées l'une à
l'autre de demi-pouce à demi-pouce, le nombre
des animaux logés dans ces cellules était vraisemblablement de huit cent millions, produits par un
seul germe et par des bourgeons successifs.

Lister raconte à propos d'un de ces coraux un
fait curieux. Il y avait deux jours, dit-il, que je
gardais un de ces groupes dans un grand vase
d'eau, quand je crus apercevoir que mes animaux
languissaient et devenaient malades. Le troisième
jour leurs têtes se détachèrent, et tombèrent au
fond du vase où elles formèrent une couche de
couleur rose qui devint une poudre très-fine au
bout de deux jours de repos. « Pensant que ces
tubes étaient morts j'allais les jeter; mais une
occupation inattendue m'ayant obligé de m'absen-
ter pendant deux jours, je trouvai, à mon retour,
qu'une fine membrane transparente s'était élevée
du bout de chaque tube. Je changeai soigneusement l'eau tous les matins et au bout de trois jours
la reproduction était complète. La seule différence

de structure que je pus découvrir entre les jeunes têtes et les vieilles, c'est qu'elles n'avaient pas comme les autres, de petites papilles rouges et qu'elles étaient incolores. »

On trouve attachés aux rocs ou aux coquillages voisins de la marée basse, un autre corail qui n'est qu'une variété de celui dont nous venons de parler. On le trouve aussi dans les eaux profon-

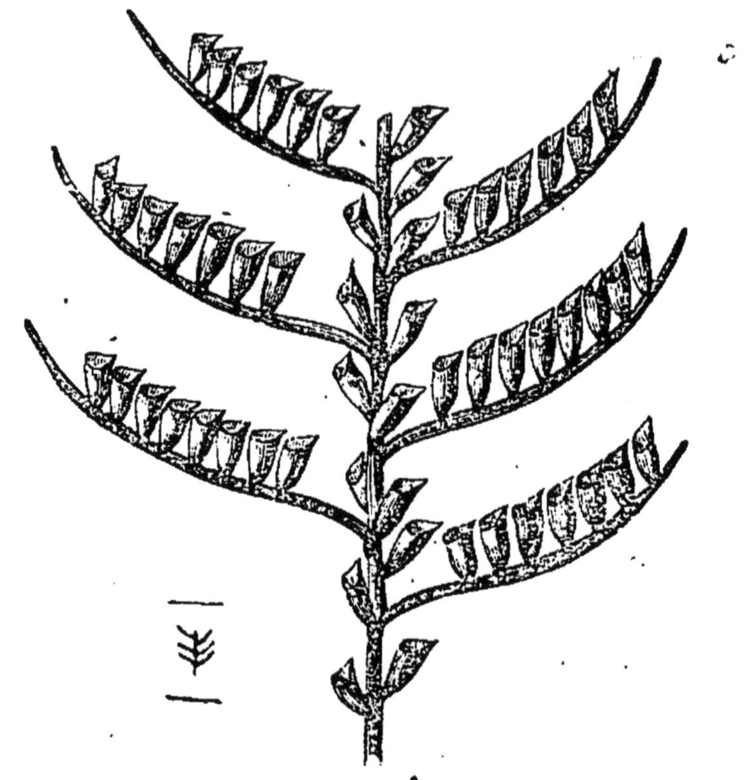

PLUMARIA FALCATA.

des. Il est très-élégant et très-commun. Il élève souvent jusqu'à la hauteur d'un dix-huitième de pouce, ses spires garnies d'une série de cellules qui sont implantées des deux côtés de la tige centrale à des intervalles réguliers. La dimension réelle de ce zoophyte est dessinée à côté de la forme amplifiée.

Une autre espèce de corail que l'on rencontre souvent sur les côtes de l'Angleterre, près des limites de la marée basse, est celle dont nous donnons le dessin d'après un échantillon recueilli par M. Boswel d'Ozengall, près de Ramsgate, qui a réuni une grande variété de ces petits animaux. On trouve celui-ci sur les plantes aquatiques, il s'élève de deux à quatre pouces de hauteur, ses branches sont grêles et toujours droites, les cellules polypières sont opposées. Chacune d'elles est munie d'un couvercle, c'est ce qui lui a fait donner le nom qu'il porte. L'angle extérieur de l'ouverture de la cellule se termine en une pointe aiguë, munie de chaque côté d'une

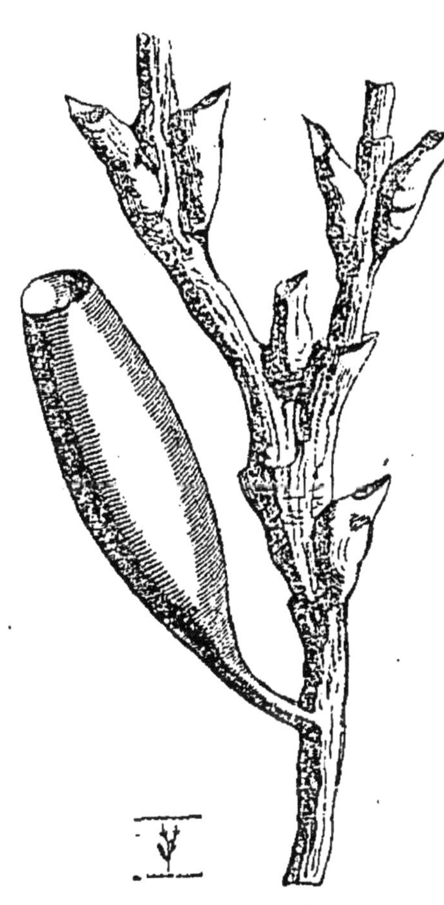

DYNAMENA OPERCULATA.

dent assez tranchante.

Passons maintenant à une forme de corail tout

à fait différente des précédentes. On la trouve sur les coquilles et sur les pierres, dans les eaux profondes du nord de l'Angleterre et de l'Écosse. Les tubes de cette espèce sont simples, leur épaisseur est celle d'une épingle ordinaire, ils atteignent

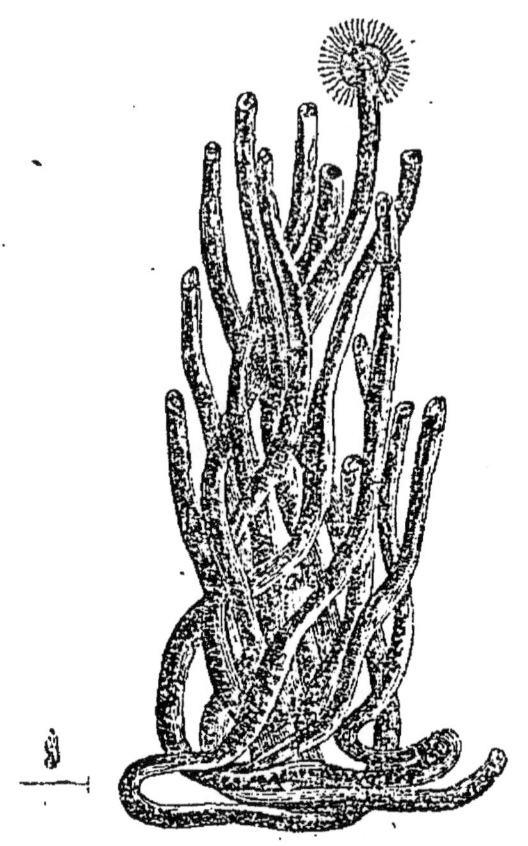

TUBULARIA INDIVISA.

quelquefois la dimension représentée dans la gravure ci-jointe. Ils sont quelquefois divisés à la base, entrelacés et courbés, ou bien repliés sur eux-mêmes. Leur couleur est cornée, leur hauteur est de six à douze pouces. Ellis compare un de ces tubes à une paille d'avoine sans nœuds. Ils sont remplis d'une pulpe tendre, d'un rose presque rougeâtre. Les polypes sortent de l'extrémité ouverte du tube, dans lequel ils ne peuvent pas rentrer. Le corps, c'est-à-dire la portion nue du polype, forme une sorte de nœud globulaire d'une couleur écarlate. C'est une espèce de trompe entourée circulairement d'une série de petits bras rayonnants. Tout autour de la base du corps se trouve un autre cercle de bras beaucoup plus longs; leur nombre est de trente à quarante. Le col du polype est fort étranglé. Les tubes frais sont marqués de plusieurs lignes pâles longitudinales, placées à des distances égales, et qui sont évidemment le produit d'une action quelconque de la pulpe interne; car lorsque les tubes sont vides, ils ne présentent plus la même apparence. Lorsqu'on tient cet animal dans un bassin plein d'eau de mer, il s'y affaiblit, et sa tête penche comme une fleur sur sa tige. Si l'on en plonge quelques-uns, même des plus vifs, dans de l'eau douce, la pulpe interne sort des tubes jusqu'à ce qu'ils soient presque vides.

Mais quoique la tête tombe peu de temps après qu'on a retiré l'animal de la mer, elle se renouvelle dans un espace de temps qui varie de dix jours à plusieurs semaines; seulement le nombre des organes extérieurs diminue successivement quoique la tige s'allonge toujours. Cette tête semble s'élever au dedans de la tige tubulaire depuis son extrémité inférieure, et dépendre de la matière tenace interne qui tapisse le tube, car on peut obtenir une tête tout près de la racine du zoophyte, par une section artificielle pareille à celle dont nous avons parlé à l'occasion de l'hydre. On en a fait l'expérience et l'on a obtenu dans l'intervalle de cinq cent cinquante jours et par les sections d'une seule tige, vingt-deux têtes nouvelles.

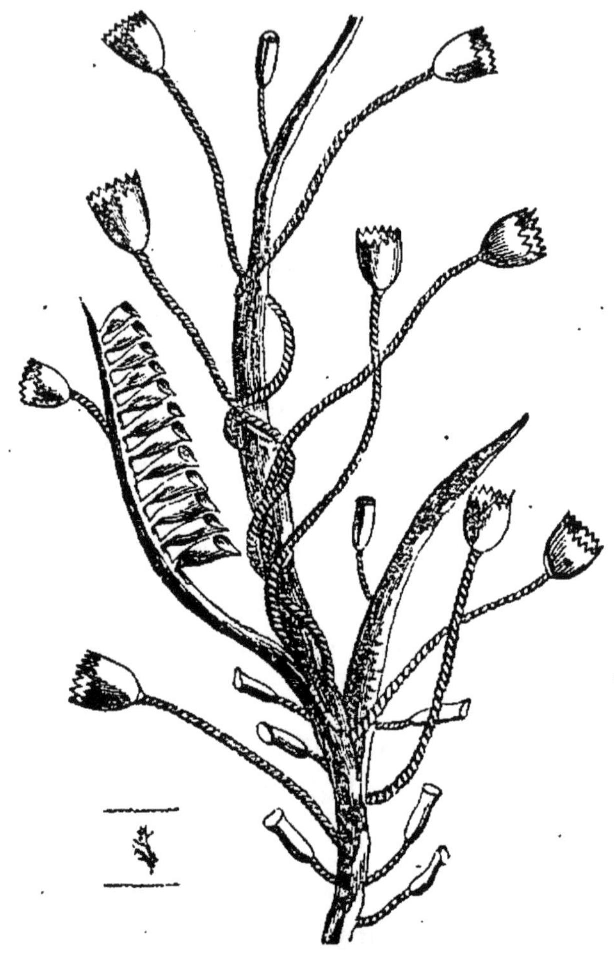

CAMPANULARIA VOLUBILIS.
Avec un corail dit faucille, à cause de sa ressemblance avec cet instrument.

La gravure ci-derrière représente le *corail à cloche* (Campanularia volubilis). Johnstone en parle en ces termes. « J'ai vu les antennes d'un crabe tellement infestées de ce zoophyte qu'elles ressemblaient à de véritables brosses. Mais si le crabe en était incommodé, le polype devait se trouver fort bien de la station qu'il avait choisie, car elle lui procurait tous les avantages de la locomotion. Cette espèce est très-petite. La tige est un tube corné semblable à un cheveu, qui rampe et s'enroule autour de son support. Il émet à des intervalles alternatifs une longue tige tordue qui porte une belle cloche d'une transparence parfaite et dont le bord est élégamment dentelé. »

Les tiges de l'*antenularia ramosa* sont cloisonnées. Ce corail est droit, cylindrique, d'une couleur jaunâtre et cornée, ses branches sont irrégulières ou non divisées, il atteint la hauteur de huit pouces. Ses branches séchées ressemblent un peu aux antennes d'un homard. Elles sont exactement pareilles au premier jet, et garnies d'une

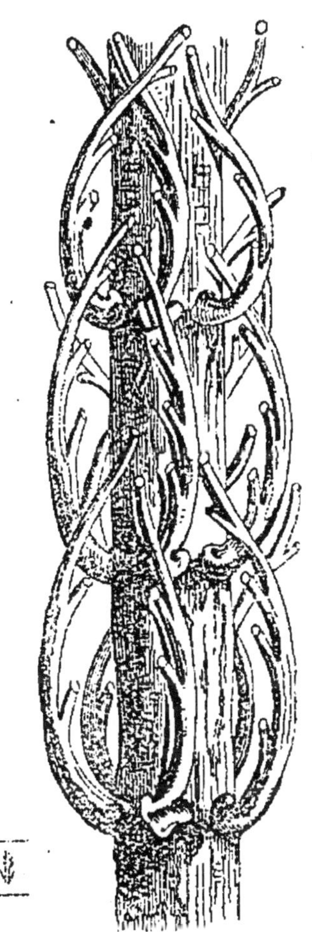

ANTENULARIA RAMOSA.

manière uniforme de petites branches semblables à un cheveu. Elles portent des cellules polypières qui sont petites et distinctes, munies de bords entiers, et séparées l'une de l'autre par un nœud. Les êtres microscopiques que nous avons décrits jusqu'ici ont une conformation assez remarquable pour exciter notre admiration, mais les richesses de la sagesse et de la puissance de Dieu ne se bornent pas à ces formes extérieures, elles nous offrent bien d'autres merveilles à contempler.

Nous avons vu dans plusieurs cas une série de cellules habitées chacune par un polype, et arrangées autour d'une tige centrale d'une manière variée quant aux espèces, mais régulière dans chaque famille. Voici maintenant un nouveau fait. Le courant vital qui parcourt chaque tige de corail, parcourt aussi chaque branche, et fait par conséquent du zoophyte entier un seul et même animal animé de la même vie. Les polypes ne sont à proprement parler que les auxiliaires actifs et les soutiens de sa vie. De même que le chacal a été appelé le pourvoyeur du lion, de même aussi les polypes peuvent être regardés comme les pourvoyeurs du corail. Oh! combien est admirable la formation de cet être multiple! Quand nous sortons un corail des eaux, ce n'est pas un individu seul qui s'offre à notre vue et qui sollicite notre admiration, c'est une espèce faisant partie d'une longue série d'êtres de même nature, mais pourtant tellement diversifiés que chacun possède quelque caractère distinctif qui le fait aisément reconnaître au milieu de tous ses congénères. Ce ne sont souvent que de bien légères différences, mais chacune d'elles correspond à un but du Créateur et nous montre avec évidence, par les minutieuses précautions qu'Il a prises, que l'existence de la plus humble de ces créatures a été l'objet de ses soins bienveillants. « Si Dieu revêt avec tant de magnificence l'herbe des champs, disait Jésus, ne vous revêtira-t-il pas beaucoup plutôt, ô gens de peu de foi ! » Et si l'homme, un homme quelconque vaut mieux que beaucoup de passereaux, à plus forte raison vaut-il mieux que

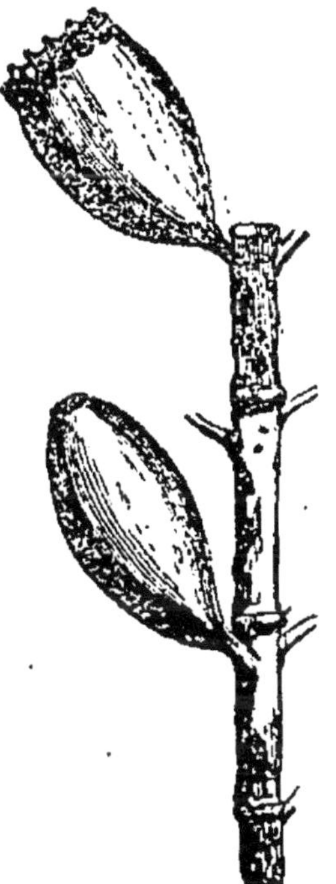

les myriades de polypes qui peuplent le fond des mers. Si donc Dieu s'est occupé d'eux, avec détail, avec bienveillance; s'il s'est montré riche pour ces animalcules insignifiants, que ne pouvons-nous pas attendre de Lui, nous ses excellentes créatures et qui pouvons devenir ses enfants !

Nous sommes cependant bien loin d'avoir terminé la description des merveilles du monde sous-marin. Il y a dans les gravures que nous avons mises sous les yeux du lecteur, un détail que nous n'avons pas encore mentionné et dont il faut que nous l'entrete-

VÉSICULES
DE LA SERTULARIA-
PRIMATA.

nions maintenant. Quand vient le printemps on observe sur les coraux des vésicules dont la forme est très-variable. Celle de la *Sertularia abietina* sont écartées les unes des autres, lisses et munies d'une bouche tubuleuse. Dans la *Plumaria falcata* elles sont répandues irrégulièrement sur les branches, leur forme est ovoïde ou piriforme ; elles ont de petites ouvertures tubulaires, et elles sont quelquefois plissées longitudinalement lorsqu'elles sont sèches. Celles de la *Sertularia pluma* sont larges et très-curieuses. Elles sortent de la tige elle-même ; elles ressemblent à une silique fortement gonflée et bordée dans son pourtour de cinq à neuf côtes ou bandes, qui partent d'un tube dorsal qui se relève en courtes épines sur le rebord antérieur. Ces vésicules sont transparentes quand elles sont fraîches. Dans la *Dynamena operculata* elles sont larges, lisses, en forme d'œuf ; le haut est souvent muni d'une espèce de couvercle rond. Les vésicules qui se

SERTULARIA
TAMARISCA.

SERTULARIA
POLYZOMA.

VÉSICULES DE
L'ANTENULARIA
RAMOSA.

montrent en certaines saisons sur la *Tubularia indivisa*, ressemblent à de petits gemmules ovoïdes, et celles de l'*Antenularia ramosa* au lieu d'être implantées sur les branches, sortent directement du système central, ainsi que l'indique la gravure ci-derrière.

Ces vésicules, dont nous ne donnons qu'un nombre d'exemples extrêmement limité, sont les vaisseaux porte-graines de la race qui va naître. Les germes des petits animaux futurs flottent à l'intérieur dans un liquide particulier. Le docteur Grant qui les a observés avec soin dit qu'ils sont larges, d'un brun clair, demi-opaques, presque sphériques et composés de petits grains transparents dont la surface est couverte de cils distinctement irritables. Il a pu voir, au travers de l'enveloppe transparente d'une vésicule entière qu'il avait placée sous un microscope, les cils des germes qui vibraient avec activité, et les courants que leurs mouvements produisaient dans le fluide intérieur.

Ayant ouvert cette vésicule dans une goutte d'eau de mer, avec la pointe d'une aiguille, les germes s'échappèrent au travers de la déchirure qu'il avait pratiquée, d'abord avec lenteur, puis ensuite avec plus de vitesse et toujours par l'impulsion des cils. La même partie du germe se trouvait constamment en avant.

Ces germes sont extrêmement irritables. Lorsqu'ils viennent à toucher un cheveu, un filament de plante marine; un grain de sable, un objet quelconque, ils prennent, en se contractant, des formes singulières. Ces changements se produisent aussi lorsqu'ils cherchent à se fixer sur la surface du verre.

Quand ils sont parvenus à s'accrocher quelque part ils deviennent plats et circulaires : leurs parties les plus opaques rayonnent et ils ont alors l'aspect de petites étoiles grisâtres, dont l'interstice des rayons est rempli par une matière transparente et incolore qui semble se durcir et prend un aspect corné. Vers le centre, c'est-à-dire à l'endroit où les rayons se rencontrent, la matière grise se gonfle et s'élève perpendiculairement. C'est la tige du nouvel animal qui se forme. Dans cette merveilleuse transformation les rayons du germe deviennent donc la partie charnue des racines, l'ancre qui fixe le zoophyte à la place où va s'accomplir son existence, et la partie qui s'élève devient la portion charnue de la tige d'où sortiront plus tard les branches de cet admirable construction.

On trouve aussi dans les coraux des germes qui sont pourvus de cils qui ont un mouvement de rotation constant. Ce mouvement semble faciliter leur naissance. Quand ils sont en pleine liberté, ils se meuvent ou plutôt ils nagent en tournant sur leur axe, comme s'ils étaient guidés par leur volonté et par des sens. Cette liberté de mouvement peut durer plusieurs heures, et même deux ou trois jours, jusqu'à ce qu'ils aient trouvé un endroit à leur convenance pour s'y fixer et y commencer leur accroissement futur. Mais dès qu'ils ont pris pied, ils demeurent à jamais immobiles, ils se transforment en coraux et chacun d'eux commence à bâtir sa demeure selon le plan que l'Éternel a déterminé pour chaque espèce.

A mesure que la croissance et la reproduction marchent simultanément, les parties du zoophyte qui ont vieilli meurent et les polypes qui y logeaient disparaissent. Souvent les branches les plus basses se détachent et laissent cette partie du tronc à nu. Ainsi la vie et la mort font leur œuvre chacune de leur côté, mais dans des parties différentes du même pied de corail.

Dans les grandes espèces la tige centrale qui sert de support aux branches latérales, meurt seule. On dit que quelques-uns de ces polypes sont absorbés par leurs cellules, mais qu'ils reparaissent au bout de quelque temps. Ce fait même se reproduit à des époques régulières, de sorte que s'il a été suffisamment observé il semblerait être une des lois de croissance de ces singuliers animaux. En effet on a trouvé, au bout d'une certaine période, toutes les cellules d'un groupe vivant, remplies des restes de polypes détruits ou entièrement vides. L'unique signe de vie qui restait dans la plante était la vibration du fluide du tronc.

Les têtes de polypes se détachent souvent comme une fleur qui tombe quand le fruit est noué ; mais

au bout de dix jours, plus ou moins, elles se re-
produisent.

Harvey raconte qu'après avoir conservé pendant
deux jours une *Tubularia*, ses têtes commencè-
rent à paraître malades, et le troisième jour elles
tombèrent et restèrent au fond du vase. Après
trois jours au bout desquels l'eau fut changée, les
polypes furent entièrement renouvelés, sans autre
différence essentielle que l'absence de la couleur.
On dit que le froid de l'hiver tue quelquefois les
fleurs des polypes, mais quand le printemps les
réchauffe elles sortent de cette mort apparente et
renaissent.

Van Beneden dit que quelques-uns des coraux
ressemblent, au commencement de leur développement, aux petites méduses ou poissons gélatineux. Ils ont huit yeux qui disparaissent lorsque
l'animal s'attache à quelque objet.

Sir Dalyell, qui a fait aussi des observations sur
les jeunes individus, affirme qu'après que leurs
bras sont formés ils s'en servent pour se mouvoir,
et que si on les retourne ils avancent encore de
quelques pieds, vraisemblablement pour se choisir
un site convenable. Dès qu'ils sont parvenus à re-
prendre la direction naturelle de leurs bras, la'
surface inférieure se fixe et l'animal s'enracine.

Les cellules polypières de la *Laomedia gelatinosa*
ont la forme de coupes profondes, transparentes,
munies d'un large bord uni. Ses vésicules ressemblent à de petites urnes lisses ; leur maturité à lieu

pendant les mois d'été. Elles sont alors remplies d'œufs d'une forme circulaire un peu aplatie et marqués au centre d'une tache foncée. Ils ne remplissent d'abord que la moitié de la vésicule, mais ils finissent par l'occuper tout entière. Quand ils se sont échappés par l'ouverture supérieure, la vésicule disparaît. Pendant que les œufs sont dans leur enveloppe, ils sont arrangés autour d'une colonne centrale. Le couvercle qui ferme l'entrée est une simple expansion de cette colonne qui paraît être composé de deux pièces soudées ensemble.

Les polypes ont environ vingt bras allongés et sont recouverts de petits tubercules. Au centre de ces bras est la bouche qui, dans quelques espèces, a la forme d'un tubercule arrondi et saillant, et dans d'autres celle d'une étroite colonne, ou même d'un disque plat, dont le dessous offre une espèce d'étranglement qui simule le cou. La bouche conduit directement à la cavité stomachale, qui est large et non divisée. On observe souvent dans cet estomac des courants d'un liquide rempli de petits grains. MM. Lister et Fleming, ont examiné avec soin ce détail d'organisation sur lequel nous ne nous étendrons pas davantage. Du reste on découvre dans les êtres microscopiques une variété de mouvements dont personne n'a encore pu découvrir les organes, et l'on peut dire de ce monde des infiniment petits ce que Job disait de la sagesse de Dieu : Nous n'en connaissons que les bords.

Plusieurs zoophytes sont phosphorescents, Johnstone pense que chaque membre d'une famille est lumineux à volonté, et que chaque individu n'allume son petit feu que sous l'influence d'une irritation douloureuse et comme un petit brandon volontaire destiné à effrayer quelque assaillant. Ceci est d'autant plus probable que lorsqu'on frappe, dans l'obscurité, la feuille d'un fucus couvert de sertularia, ce corail s'illumine tout à coup d'une manière magique; chacune de ses petites dents devient un point lumineux.

Si ce que nous venons de dire sur les polypes laisse beaucoup à désirer au point de vue de la science, nous espérons que cela sera néanmoins suffisant pour atteindre le but que nous poursuivons. Oui, si nos lecteurs ont senti en parcourant ces pages un sentiment d'admiration pour la puissance infinie de Dieu, nous nous féliciterions de les avoir écrites. Non pas que l'admiration puisse suffire dans nos rapports avec l'Éternel. Admirer Celui qui a donné sa vie pour la rançon de plusieurs, n'est point assez. C'est de la froideur encore. On n'admire pas un ami dévoué, un père tendre, on les aime, et c'est la seule manière de les honorer véritablement. Ce que nous devons donc à notre Dieu, c'est l'amour et la reconnaissance.

CHAPITRE VII

L'ANÉMONE DE MER ET LES BRYOZOAIRES.

Quand la chaleur du jour est passée et que la brise du soir commence à faire sentir à notre corps sa fortifiante fraîcheur, c'est un plaisir délicieux que de visiter les bords de l'Océan, surtout si l'on a le goût des sciences naturelles. Lors donc que la marée basse a mis presque à sec les rochers du fond tout couverts d'herbes marines, et que l'eau, en se retirant, n'a laissé derrière elle que quelques flaques au milieu des grèves, cherchons l'occasion d'observer, dans nos promenades, une espèce de polype qui se rencontre assez souvent. Les savants le nomment l'*Actinia;* le vulgaire l'appelle l'*Anémone de mer* et même le *Tournesol de mer*, parce que la position des bras de l'animal autour de la partie supérieure de son corps lui donne, en effet, une ressemblance assez frappante avec la tête radiée du tournesol.

L'actinie est formée d'un corps cylindrique charnu et mou. Elle tient au rocher par sa base. Son extrémité opposée est munie d'une bouche en-

tourée de plusieurs rangées de bras qui peuvent
s'étendre et se contracter, selon la volonté et les
besoins de l'animal. L'actinie a une très-belle apparence. La peinture même ne pourrait donner
une idée de la variété et de l'éclat de ses couleurs.
Il est assez difficile de les voir étalées, parce qu'elles se roulent au moindre bruit en une masse hé-
misphérique qui ne permet plus de contempler
leurs formes. Mais en agissant avec précaution et
en y mettant quelque persévérance on parviendra
certainement à surprendre l'actinie au moment
où elle déploie, sans défiance, ses innombrables
tentacules, et où elle étale son beau disque organisé qui ressemble à une fleur.

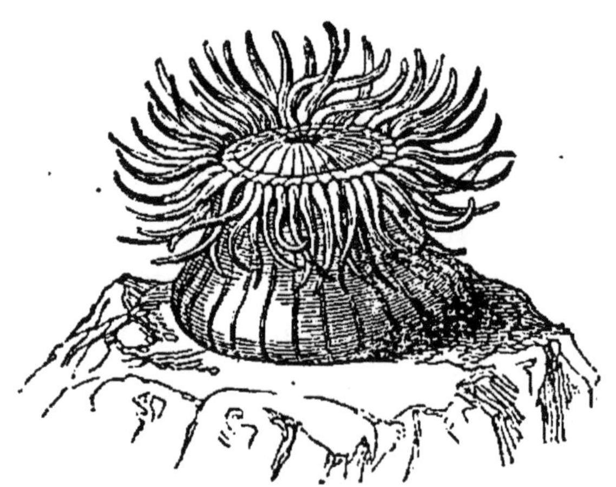

L'ANÉMONE DE MER, OU ACTINIE.

Ces animaux sont doués d'une si grande sensibilité, qu'ils se contractent au plus léger attouchement, cela va sans dire, mais même quand un
nuage qui traverse le ciel les prive momentané-

ment de l'influence du soleil. Leur corps peut s'allonger et se tourner un peu, soit pour chercher une proie, soit pour s'exposer plus complétement à la lumière. Quand on essaie de les détacher du roc auquel ils sont adhérents par leur base en forme de puissant suçoir, ils se contractent fortement, et il est bien difficile de les enlever sans les gâter. Le plus sûr moyen pour obtenir de beaux échantillons est de faire sauter le rocher lui-même, quand cela est praticable.

L'actinie n'est pourtant pas fixée si définitivement qu'il lui soit impossible de changer de place. Elle peut se traîner lentement sur la surface du rocher et même s'en détacher entièrement. Quand elle se résout à le faire, elle se remplit d'eau, de manière à devenir à peu près de la même pesanteur spécifique que le fluide où elle vit, puis elle laisse aux courants le soin de l'emporter. On a constaté également qu'elle peut se tourner et même se traîner à l'aide de ses tentacules.

L'actinie est très-vorace. Elle fait sa proie d'animaux avec lesquels elle semble tout à fait incapable de lutter, tels que les crabes, par exemple. Elle les attend, les bras étendus et prête à les saisir au moment où elle pourra les toucher. Quand l'eau est claire, on les voit quelquefois aux prises. Dès que le crabe arrive à la portée des bras de son ennemi, il est bientôt enlacé et fortement retenu par les nombreuses tentacules que l'actinie applique graduellement autour de lui; puis, par des contractions répétées, elle oblige sa proie à se rapprocher de la bouche qui s'ouvre pour la dévorer. De semblables captures ne lui arrivent pas tous les jours, aussi Dieu l'a rendue capable de supporter une longue abstinence sans inconvénient apparent. Il est très-probable que les animalcules sans nombre qui abondent dans l'eau contribuent à rendre ce jeûne moins rigoureux qu'il paraît l'être, car on peut conserver pendant plus d'une année une actinie enfermée dans un vase, pourvu qu'on ait soin d'en changer l'eau. Mais alors, malheur au crabe qui tombera à sa portée. Fût-il gros comme un œuf de poule, elle n'en fera qu'un seul repas. Les actinies digèrent fort vite. Au bout de deux ou trois jours, elles dégorgent les coquilles des moules ou des crabes qu'elles ont avalées, sans qu'il y reste la moindre parcelle charnue.

M. Bennet raconte dans ses *Voyages* qu'il prit un jour une actinie de deux pouces environ de diamètre. Elle s'était efforcée d'avaler une valve du coquillage nommé *le grand peigne*, qui pouvait bien être de la dimension d'un saucier ordinaire. Cette coquille était restée dans son estomac, et elle s'y était placée de manière à le diviser en deux moitiés. Le corps de l'actinie était dilaté d'une manière prodigieuse, et de rond qu'il est ordinairement, il avait dû prendre une forme mince et aplatie comme celle d'une crêpe. La communication entre la partie

* Actinia Gemmacea.

inférieure de l'estomac et la bouche était impossible; l'animal semblait donc destiné à périr de faim. Mais non. Au lieu de s'émacier et de mourir, il s'était servi de cet accident, probablement fortuit, pour augmenter ses jouissances. Une seconde bouche, fournie de deux rangées de bras, s'était ouverte vers la base de l'animal, et s'était mise en communication avec la partie inférieure de l'estomac, tandis que la première bouche, la bouche normale, restait en rapport direct avec l'estomac supérieur. Cette actinie avait donc réalisé en elle un fait à peu près semblable à celui de l'union des deux frères Siamois, sauf qu'ici la jonction était encore plus intime.

La partie extérieure de l'actinie est formée de paquets de fibres musculaires qui s'étendent dans des directions tantôt perpendiculaires, tantôt transversales. Les intervalles de ces fibres sont remplis par un grand nombre de petits corps granulaires que l'on retrouve dans tout l'animal, sauf sur le disque qui lui sert de base. Une membrane muqueuse qui forme une espèce de peau extérieure, recouvre ce tissu. Cette peau paraît subir un changement analogue à la mue; l'actinie s'en dépouille et la renouvelle à de certaines époques. L'estomac qui n'est qu'un simple sac membraneux, paraît être la continuation du tissu externe.

Les bras de l'actinie sont de la même structure que le reste du corps. Ce sont des tubes munis à leur extrémité d'un petit orifice, et qui communiquent, par leur partie intérieure, avec un compartiment placé entre l'estomac et le tissu externe. Ce compartiment est lui-même divisé par des cloisons longitudinales et membraneuses, en chambres nombreuses qui ont entre elles une libre communication. C'est l'appareil respiratoire de l'animal. Il est rempli d'eau de mer que les bras aspirent et ex-

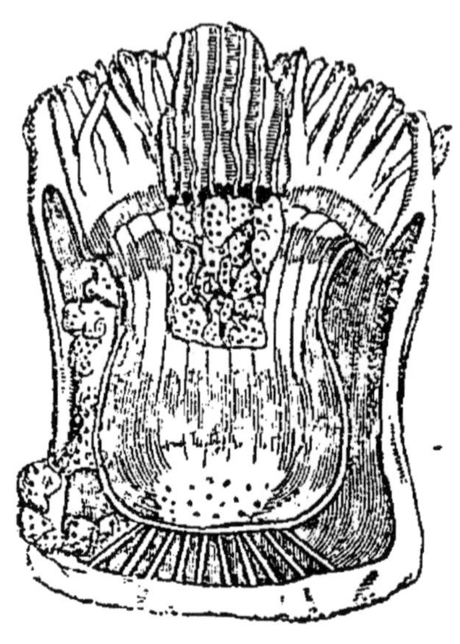

SECTION D'UNE ACTINIE.

Montrant la cavité chambrée avec les œufs sur la partie gauche.

pirent suivant les mouvements de contraction ou de dilatation du corps. Cette action dépend de la volonté de l'animal, car on a observé sur des échantillons conservés dans des vases, qu'à mesure que le liquide dans lequel il était immergé perdait l'air qui y est toujours plus ou moins contenu, et devenaît par conséquent moins propre à la respiration aquatique ; les actinies se remplissaient d'un volume d'eau tellement considérable, qu'elles ressemblaient à des vessies gonflées. Il est bien évident qu'elles n'agissaient ainsi que pour trouver dans un plus grand volume d'eau l'air nécessaire au soutien de leur vie ; car sitôt qu'on renouvelait le liquide, elles se dégonflaient et reprenaient leur respiration normale.

Les œufs de l'actinie se trouvent dans les compartiments respiratoires, arrangés en groupes sur une membrane très-délicate. Il paraît qu'après s'en être détachés, ils passent par un très-petit orifice au fond de l'estomac, d'où ils s'échappent en passant par les bras. Quelques observateurs disent que ces œufs sont couvés dans l'intérieur de l'animal et que les petits sortent tout formés ; d'autres croient, au contraire, que les œufs ne sont couvés qu'après leur expulsion du corps. Ces assertions contradictoires indiquent assez qu'il reste encore beaucoup à apprendre sur les habitudes de ces animaux.

L'actinie a un pouvoir de reproduction aussi grand que celui de l'hydre. Elle peut être divisée et subdivisée, et chacune de ses parties redevient un animal complet. Seulement, si la coupure est transversale au lieu d'être longitudinale, il faut environ deux mois pour que la base refasse sa bordure ordinaire de bras.

« Il y avait, dit Hughes dans son histoire naturelle des Barbades, au milieu d'une petite anse, une roche toujours plongée dans l'eau. Sur ses flancs et à différentes profondeurs, qui excédaient rarement dix-huit pouces, on voyait à toutes les époques de l'année sortir hors des petites cavités qui accidentaient le rocher, de certains objets assez semblables à de petites fleurs radiées, d'un jaune pâle légèrement teinté de vert. Elles étaient munies d'une bordure circulaire de pétales serrés les uns contre les autres, et la fleur entière pouvait être à peu près de la dimension et de la même couleur que le souci de nos jardins. »

Hughes fit pendant longtemps des efforts infructueux pour en saisir une. « Une fois entre autres, dit-il, je coupai avec un couteau que je tenais depuis longtemps près de l'ouverture du trou où l'un de ces animaux avait paru, deux de ses feuilles apparentes, ou pour mieux dire, deux de ses bras. Ils conservèrent pendant quelque temps leur forme et leur couleur, mais bientôt la substance membraneuse et fine qui les compose, se rida et tomba en décomposition. Un grand nombre de personnes venaient pour examiner ces animaux étranges, et, en passant sur le terrain d'une propriété qu'il fallait traverser pour atteindre cette partie de la mer, elles y causaient quelques dégâts. Le propriétaire, ennuyé de cette affluence de visiteurs, résolut de détruire l'objet de leur curiosité. Il fit soigneusement fouiller avec un instrument de fer tous les trous d'où sortaient les actinies, et elles furent nécessairement broyées en une pulpe fine. Cependant, au bout de quelques semaines, elles reparurent tout aussi nombreuses et à la même place. »

Dans les circonstances ordinaires, on voit quelquefois les jeunes individus sortir tout formés de la bouche de leur mère; d'autres fois, la base se sépare en deux parties, dont l'une reste sur place et continue à vivre. Elle s'arrondit peu à peu, et, au bout de quelque temps, il s'y forme une bouche, un estomac, des bras; bref, ce fragment d'actinie devient une actinie complète. Les parties latérales de cette base émettent des globules qui vont se fixer aux rochers voisins, où ils se développent et forment bientôt une nouvelle colonie.

Quoiqu'on trouve l'actinie dans toutes les mers, chaque espèce se choisit cependant une retraite particulière. Il en est quelques-unes qui servent de comestible, surtout dans les contrées tropicales, où elles sont plus abondantes que dans les climats froids. Les unes se suspendent aux voûtes qui s'avancent en forme de toits, d'autres s'accrochent aux parois des rochers, qu'elles tapissent de leurs belles fleurs organisées; d'autres enfin se logent simplement dans le sable.

Une espèce de polype voisine de celle des actinies est celle des *Zoanthus*, qui a beaucoup de ressemblance avec ces dernières, mais qui en diffère en ce qu'ils sont unis entre eux par une base commune, qui les rend dépendants les uns des autres.

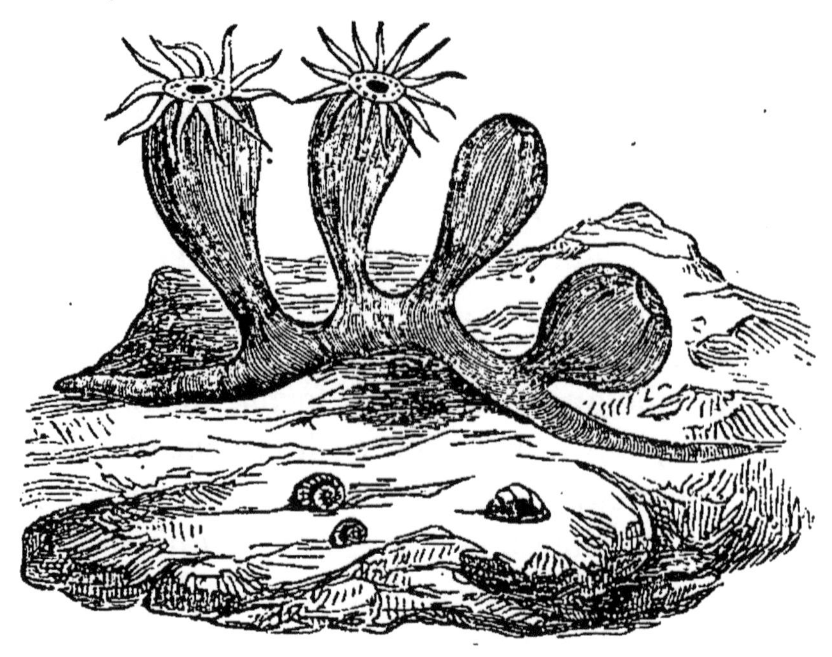

ZOANTHUS.

Les *Bryozoa* ou *Coraux mousses* constituent une
autre grande classe d'animaux d'une petitesse microscopique. Les recherches infatigables d'Ehrenberg et de d'Orbigny en ont fait récemment découvrir des centaines d'espèces fossiles, et il paraît
que leurs coquilles ou cellules entrent avec abondance dans la composition des lits de calcaire com-
pact, dans les silex, dans le calcaire jurassique,
dans le sable marin de l'Europe, dans celui des Iles
Sandwich et du désert de Libye. Plusieurs d'entre
elles sont invisibles à l'œil nu ; d'autres ressemblent
à des grains très-petits. Outre ces bryozoa fossiles,
on en trouve un grand nombre qui sont encore vivants. Ehrenberg en a compté cinquante-sept espèces différentes dans les eaux de la mer Adriatique

et dans celles de l'Océan. Il a constaté leur identité avec celles qu'on rencontre à l'état fossile.

On se fera une idée de la petitesse de ces bryozoaires, en apprenant que dans le blanc le plus fin qui se puisse obtenir par le lavage, on en retrouve des multitudes qui n'ont souffert aucun changement, même par la préparation de la chaux à laquelle ce blanc est mêlé. Quand on examine au microscope l'enduit calcaire qui couvre nos murailles, on aperçoit toute une mosaïque de coraux mousseux de formes aussi intéressantes que variées.

La meilleure manière d'observer ces petits fossiles est de placer sur une feuille de mica une goutte d'eau sur laquelle on laisse tomber, avec la pointe d'un canif, un peu de chaux bien pulvérisée. Cette poudre s'étale en couche mince sur la surface du liquide qui, en s'écoulant, entraîne les particules flottantes. Quand elle est presque sèche, on la recouvre de baume du Canada, en tenant, pendant cette opération, la feuille de mica au-dessus de la flamme d'une lampe à esprit-de-vin, jusqu'à ce que le baume soit légèrement fluide, limpide et sans écume. Cette petite manipulation demande de l'adresse et de l'habitude, mais lorsqu'on l'exécute avec délicatesse, elle réussit généralement fort bien.

La plupart de ces coraux ressemblent à un amas de petites cellules ou de vésicules ouverts d'une nature calcaire. Ils forment sur toutes les

productions marines végétales, animales ou inorganiques, des amas d'une étendue plus ou moins
grande. Leur extrême ténuité fait qu'ils échappent
à un œil peu exercé. Il faut l'aide du microscope
pour distinguer avec netteté leurs groupes et leurs
cellules. Chacune d'elles est habitée par un polype
qui étend au dehors et à volonté ses bras couverts
de cils.

La *Flustra carba-
cea* ou *Flustra co-
tonneuse* se trouve
sur des coquilles,
dans les eaux pro-
fondes de la côte
méridionale de l'An-
gleterre, et sur cel-
les de l'Irlande. Elle
est fixée par un petit
disque à base étroi-
te, dont les rebords
se dilatent par-des-
sus, et deviennent
très-larges en pro-
portion de leur hau-
teur, qui est d'en-
viron deux pouces.

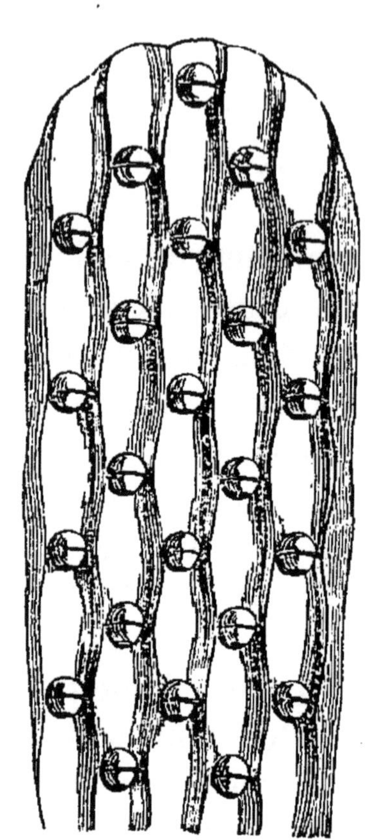

FLUSTRA CARBACEA.

Elle est mince, d'un brun jaunâtre, profondément
divisée. Les segments sont un peu arrondis au
sommet.

Les cellules où logent les polypes sont molles et

placées latéralement. L'animal a vingt-deux bras, dont chacun a environ le tiers de la longueur du corps. Chacun des côtés du bras est garni d'environ cinquante cils, ce qui fait pour le polype entier 2200 cils. On trouve environ dix-huit cellules sur une surface d'une ligne carrée, ce qui fait à peu près 1800 par pouce carré anglais. Or, la dimension d'un échantillon ordinaire ayant environ dix pouces de surface, il en résulte qu'il s'y trouve plus de 18,000 polypes, ayant ensemble environ 396,000 bras et 39,600,000 cils.

Lucrèce, qui ne se doutait pas, à coup sûr, des merveilles que le microscope nous a fait connaître, admirait pourtant ce que la science imparfaite de son temps avait découvert des œuvres admirables de la nature. « Combien est inouï, disait-il, le nombre des animaux dont l'œil le plus pénétrant ne peut apercevoir le corps ! Et s'ils sont si petits qu'ils échappent à nos regards, quelle n'est pas la petitesse de chacun de leurs membres ! » Cette réflexion du poëte romain est parfaitement vraie ; elle le sera davantage encore si, mieux informés que lui, nous adressons l'hommage de notre admiration à Celui qui fait tout ce qu'il lui plaît dans les cieux, sur la terre ainsi que dans les profonds abîmes, et non pas à la nature qui est son ouvrage.

Si la *Flustra cotonneuse* est bien peuplée, la *Flustra foliacée* l'est encore mieux. On compte sur la même surface deux fois plus d'être vivants de cette dernière espèce, soit 3600 environ dans un pouce carré. Ils sont tous occupés à mouvoir leurs bras et à faire vibrer avec rapidité les cils qui les couvrent, pour saisir leur nourriture.

Quelques autres espèces de coraux ont des tiges ou feuilles d'une texture cornée et cellulaire, quelquefois sur un seul de leurs côtés, d'autres fois sur les deux. La *Flustra foliacée* que nous venons de mentionner en est pourvue sur les deux côtés à la fois. Ces cellules ont des bords élevés qui se terminent par deux épines. Leur extension a lieu latéralement, et la série interne ou centrale se trouve souvent dépourvue de polypes, tandis que la série extérieure est habitée. L'ouverture de chaque cellule est défendue par quatre épines saillantes qui s'élèvent de son bord calcaire. Les supérieures sont deux fois plus longues que les inférieures, et légèrement recourbées vers le haut. Lorsqu'on regarde de côté la surface d'une branche, on voit les épines rangées en courbes transversales régulières, et si l'on observe cette même surface dans le sens de sa longueur, les épines paraissent alors arrangées en lignes droites longitudinales très-régulières aussi.

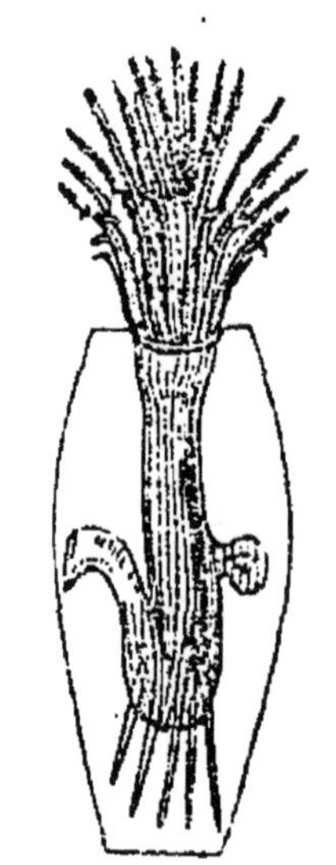

POLYPE
DE LA FLUSTRA
CARBACEA.

Ces épines sont calcaires, tubuleuses, cylindriques, fermées à leur extrémité; elles paraissent évidemment destinées à protéger le polype pendant son développement. Elles sont placées à la partie supérieure de chaque cellule, et ces cellules elles-mêmes étant fort rapprochées les unes des autres, il en résulte que les épines de l'une protégent leurs voisines, même quand le polype est dans un état de contraction. La flustra cotonneuse n'a point de défense semblable.

La cellule transparente et cornée qui embrasse étroitement le corps de l'animal est presque rigide vers sa base, mais elle est flexible dans la partie supérieure, afin de mieux protéger le corps du polype lorsqu'il est étendu. Elle acquiert, dans cet état, le même diamètre que le reste. Quand l'animal se contracte il la tire après lui en la pliant, et l'entrée de son habitation se trouve ainsi parfaitement fermée. Cette portion flexible est composée de deux parties. L'une qui est inférieure n'est qu'un simple prolongement de la cellule; l'autre, qui est supérieure, est formée par une rangée de poils délicats placés parallèlement les uns à côté des autres, et retenus dans leur extension par une membrane très-mince qui entoure et lie le tout. Ce couronnement se rencontre très-souvent dans la famille des polypes. Il est évidemment destiné à favoriser le plus possible la liberté des mouvements de l'animal tout en le protégeant.

L'ouverture des cellules de la Flustra foliacée est fermée par un couvercle demi-circulaire, convexe au dehors et concave au dedans. Il s'abaisse quand le polype veut sortir son corps de la cellule. L'ouverture de ce couvercle est très-allongée dans la *Flustra tronquée*. Vue au microscope, elle ressemble à l'ouverture de la mâchoire d'un serpent, mais les organes qui la font mouvoir sont imperceptibles. Ces couvercles s'ouvrent et se ferment sans que l'on puisse apercevoir le moindre mouvement dans le polype.

Hooke admire beaucoup la *Flustra foliacée*. « Je n'ai jamais rien vu, dit-il, parmi les végétaux que j'ai observés, qui soit comparable, pour la beauté, à cette plante marine. » Elle exhale une odeur très-agréable quand elle est fraîche. Pallas lui trouve de la ressemblance avec le parfum de l'oranger, d'autres avec celui de la violette, d'autres enfin avec ceux de la rose et du géranium.

La vésicule de la *Flustra cotonneuse* ne contient qu'un œuf. A mesure qu'il grossit il s'élève, et quand il est arrivé à l'état de maturité il occupe toute la partie large et supérieure de la cellule. Il est alors entouré d'une capsule en forme de casque qui le sépare de la cavité de la cellule. En l'examinant au microscope on voit ses cils se mouvoir rapidement ; l'œuf lui-même se contracte de diverses manières et montre, avant sa sortie, des signes évidents d'irritabilité. Cette capsule est ouverte à son sommet, elle est de plus liée à l'ouverture de la cellule, de sorte que l'œuf peut facilement s'en échapper en se contractant et en faisant mouvoir ses cils. Quand il est dehors il erre çà et là jusqu'à ce qu'il ait ren-

contré une place favorable pour prendre pied,
puis il se transforme en une cellule complète d'où
sortiront bientôt d'autres œufs.

Les polypes n'apparaissent au fond des nouvelles cellules que lorsqu'elles sont suffisamment
avancées pour les protéger. Quand l'œuf s'échappe
de sa capsule on aperçoit vers son centre un petit
point noir; c'est de ce point qui s'élargit que sortent les nouveaux polypes. Les vieilles cellules ne
sont jamais entièrement désertes. Elles peuvent
produire des œufs plusieurs fois de suite, et le
zoophyte entier peut conserver son énergie repro-
ductrice pendant plusieurs saisons.

Il faut observer que les cellules de ces polypes
sont une partie intégrale de l'animal lui-même.
Elles ne sont pas, comme la coquille de l'escargot,
un simple dépôt calcaire moulé sur le corps de
l'animal. Elles forment une partie de son enveloppe tégumentaire, et quoiqu'elles soient formées
de particules calcaires, qui acquièrent une consistance ferme, elles ne cessent pas de recevoir
de la nourriture. Les cellules sont donc vivantes et elles forment entre les polypes un lien vital et organique. On peut les envisager comme
autant d'organes propres à saisir et à digérer la
nourriture qu'elles élaborent pour le bien de la
masse ou du squelette commun.

Une preuve très-évidente que les cellules sont
en relation vitale avec les polypes qui les habitent,
c'est qu'elles se modifient avec l'âge de ces ani-

maux. L'examen montre que dans les espèces où les jeunes individus sortent des flancs de leur mère et y restent collés, la configuration des cellules non-seulement change avec l'âge, mais que ces changements se font sur la surface externe. C'est donc avec raison que l'on peut regarder chaque flustra comme le squelette vivant d'une longue génération d'êtres enchaînés les uns aux autres. Les âges relatifs des individus qui composent l'ensemble, sont indiqués par la position qu'ils occupent. Ceux qui se trouvent le long du bord et à l'extrémité sont les derniers nés.

Quelques-uns des zoophytes calcaires ont dans certaines de leurs parties une faculté spéciale de mouvement qui est sans liaison apparente avec le corps du polype.

La *Cellaria avencularia*, dont les polypes présentent la même conformation que ceux des *Flustra*, a un mouvement constant de flexion et d'extension dans certaines parties du test qui sont saillantes, en forme de tête d'oiseau, et attachées par une espèce de tige à la partie extérieure de chaque cellule. Ces organes sont pourvus de plis latéraux qui ressemblent aux valves d'une coquille et qui ont un mouvement régulier et distinct, mais correspondant toutefois au mouvement de flexion et d'extension de l'appendice tout entier.

La *Valkeria*, une autre des espèces de bryozoaires, renferme un groupe très-singulier dont les cellules sont dispersées irrégulièrement et en amas serrés sur une tige qui est ordinairement attachée à quelque plante marine, au fucus vésiculosus, par exemple.

L'espèce la mieux connue est la *Bowerbankia densa*, du docteur Farre. Dans la première époque de leur développement les cellules ne sortent pas d'une tige, elles se répandent en une couche simple sur la surface de la plante marine et ce n'est que plus tard que la tige naît. La figure suivante, copiée sur un dessin de M. Hassell, représente le polype dans un état parfait.

Il habite un tube corné et transparent, long d'une ligne environ et qui s'élève quelquefois en amas sur une base commune. Quand le polype est sorti de sa cellule il étale les dix bras longs et maigres qui entourent sa bouche. Leur surface extérieure est bordée d'une rangée d'épines raides et d'un nombre considérable de petits cils, que l'animal fait continuellement vibrer avec beaucoup de rapidité pour produire un tourbillon en miniature, dont le courant est dirigé vers la bouche où il porte les parcelles alimentaires que l'eau tient en suspension. Ces bras saisissent aussi quelquefois de petits objets, et les précipitent dans la bouche qui n'est qu'un simple orifice *a*, qui conduit à un large gosier *b*, lequel va lui-même en se rétrécissant graduellement jusqu'à ce qu'il se termine par un gésier musculaire d'une forme arrondie *c*, et qui est garni, à l'intérieur, de petites dents propres à broyer les aliments. A cet appareil succède un estomac *d*, garni de glandes nombreuses. Le canal intestinal *e* sort de la partie supérieure de l'estomac, et s'élevant au-dessus va se terminer à la base des bras. Lorsque l'animal se retire dans sa cellule à l'aide de certains muscles, le canal intestinal se loge dans des plis tortueux. La figure indique deux de ces muscles rétracteurs; l'un *f*, s'élève de la partie inférieure du tube, et va s'insérer au bas du gosier; l'autre *g*, est inséré au bas de l'estomac. Ces muscles ne sont pas les seuls. Il en est d'autres qui sont liés avec l'appareil des tentacules, et qui leur donne la puissance de se fermer. Nous comprendrons facilement comment ce mouvement s'exécute, si nous examinons avec un peu plus de soin la structure de la cellule elle-même.

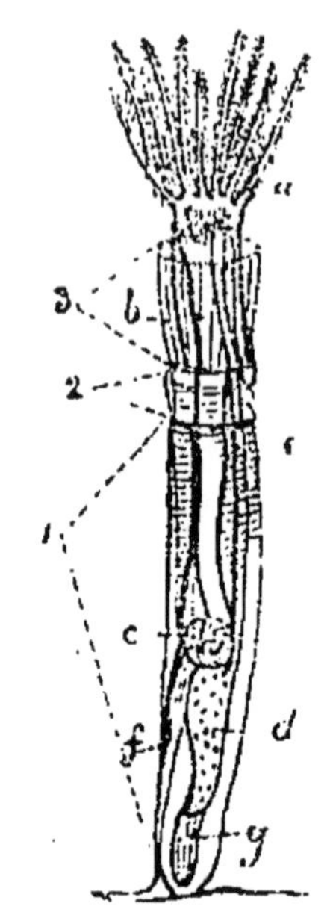

POLYPE ET CELLULE DE LA VALKERIA IMBRICATA.

1. Base cornée. 2. Partie molle du tube. 3. Soies supportant un tissu transparent.

On peut la diviser en trois parties : 1° La base cornée, transparente et solide ; 2° sa continuation molle et flexible ; 3° un cercle marginal d'appendices soyeux, liés ensemble par un tissu très-délicat, comme l'est celui des nageoires d'un poisson.

Quand l'animal veut s'enfermer dans son tube, il plie d'abord ses bras en un paquet serré, et pendant qu'il les contracte le gosier se retire en même temps. L'œsophage descend ; la partie molle du tube commence à se retourner, et les poils qui se sont rapprochés graduellement sont tirés à l'intérieur jusqu'à ce qu'ils disparaissent. La partie molle du tube forme autour d'eux un étui, une sorte de bouchon qui forme parfaitement l'entrée de la partie cornée, et met le polype entièrement à l'abri.

Les muscles qui effectuent la rétraction des tentacules sont au nombre de six. Ils s'élèvent de la partie cornée, et vont s'insérer sur la partie flexible à laquelle ils communiquent le mouvement.

Tel est la construction de ce petit appareil. Si quelqu'un trouvait que nous l'avons décrit avec trop de minutie, et que c'est mettre trop d'importance à un si petit objet, nous conviendrons que l'objet est petit en effet, mais nous sommes sûrs que si le grand Dieu des cieux n'a pas dédaigné d'arrêter un moment son attention sur ces animalcules obscurs, il ne peut être indigne d'une créature humaine d'examiner un moment l'œuvre des mains de son propre Créateur, ne fût-ce que pour comprendre la parfaite vérité de cette parole de l'Esprit-Saint : « O Dieu ! tes œuvres sont en grand nombre, tu les as toutes faites avec sagesse. » Chacun sait que Dieu est grand, mais celui qui étudie ses œuvres le voit. « O mon Dieu ! disait le pieux Fénelon, celui qui ne t'a pas vu dans tes œuvres n'a rien vu. Celui qui ne reconnaît pas ta main dans les magnifiques productions de ce monde, demeure étranger aux meilleures affections du cœur. Il vit comme s'il ne vivait pas ; sa vie n'est qu'un rêve. »

CHAPITRE VIII

CORAUX ET MADRÉPORES.

L'Océan offre à différentes profondeurs des objets d'une grande beauté et tellement variés, que l'on ne se lasse jamais de les considérer. « J'ai rarement observé quelque chose de plus beau, dit le capitaine Basil-Hall, que les bancs de coraux, vus au travers de deux ou trois brasses d'une eau limpide, quand ils sont éclairés par le brillant soleil de l'Inde. L'éclat de leurs couleurs est incomparable, on y trouve toutes les nuances, toutes les splendeurs de l'arc-en-ciel. »

Un autre marin exprime ainsi l'admirable spectacle qu'offrent les mers de l'Orient : « Nous pouvions, dit-il, discerner au travers d'une eau bleue et transparente les plus petits objets, jusqu'à une assez grande profondeur. L'abîme était ouvert devant nous, nous pouvions contempler ses secrets ; c'est certainement un des plus magnifiques spectacles qu'on puisse imaginer. Il n'y avait là ni filon d'or, ni monceaux de perles, ni tant d'autres de ces trésors contenus dans le vaste abîme, et cepen-

dant tout était d'une richesse et d'une variété ini-
maginables. »

Le grave et savant Ehrenberg lui-même s'est
senti gagné par l'enthousiasme, en étudiant les coraux de la mer Rouge. Leur beauté a été plus forte
que ses préoccupations scientifiques ; il n'a pu
s'empêcher de s'écrier : « Où est le paradis de fleurs
qui puisse rivaliser en variété et en beauté avec les
merveilles vivantes de l'Océan ! »

L'accroissement d'un banc de corail est un des
faits les plus curieux de la végétation sous-marine.
Ces deux mots rapprochés l'un de l'autre semblent
offrir deux idées disparates. L'accroissement appartient à la nature organique et la rappelle ; un
banc est à l'ordinaire une chose fixe, inextensible
comme tout ce qui tient à la nature inorganique,
et pourtant, il est non-seulement juste de dire que
les bancs de coraux s'augmentent, mais c'est un
fait qu'il est facile de prouver. Les profondeurs de
l'Océan, que l'on serait tenté de croire absolument
nues et désertes, sont couvertes, au contraire, d'arbres, de buissons et de plantes, dont la substance
est calcaire ou cornée, au lieu d'être fibreuse
comme celle du sol, mais qui croissent et s'entrelacent avec une profusion, une exubérance de vie
comparables à celle qu'on admire dans la végétation terrestre. La ressemblance ne se borne pas à
une forme générale et extérieure, les polypes sont
des fleurs ; ils en ont la forme, la beauté, les couleurs et même le parfum (voyez page 97). Comme

l'aster ou la rose, ils ont un disque bulbeux, étoilé, et si les uns sont d'une petitesse microscopique, d'autres ont des dimensions beaucoup plus considérables, car on en trouve qui ont un demi-pouce et même deux pouces de diamètre.

C'est ici le lieu de parler d'un animal qui se rapproche des coraux par sa nature, et que l'on nomme *Champignon de mer*. Supposons un polype qui, au lieu de s'entourer de sa sécrétion calcaire, la fasse dans l'intérieur de lui-même et en forme un squelette grossier ou support interne qu'il recouvrirait de son corps comme d'une espèce de peau gélatineuse, et nous aurons le *Champignon de mer*. Ces animaux sont originaires de l'Océan du Sud. Leur axe ou noyau est calcaire, rond ou ovale, et formé de minces plaques verticales qui rayonnent d'un centre commun. La gélatine vivante qui constitue l'animal proprement dit est répandue sur cette charpente, elle pénètre dans les intervalles qui séparent les lames, et elle les recouvre. Une bouche ovale est placée au centre du disque; elle est entourée de tubercules. Toute la surface supérieure est couverte de tentacules libres qui ressemblent à

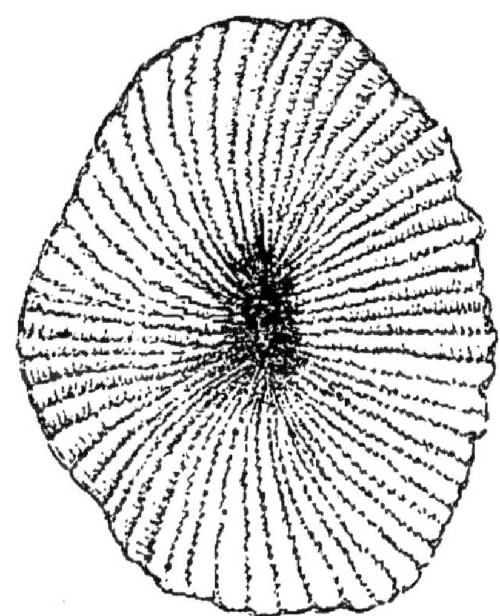

PARTIE SUPÉRIEURE DU CHAMPI-
GNON DE MER.
FUNGIA ACTINIFORMIS.

un grand nombre de petites sangsues, et qui saisissent pour les diriger vers la bouche les petits animaux dont le polype se nourrit. Quand on touche avec rudesse ces animaux, ou quand on les tourmente, ils retirent leurs bras à l'intérieur ; leur chair s'affaisse et s'accumule dans les interstices des plaques de la carcasse centrale.

Dans leur état de liberté, ils reposent simplement sur le sable au fond de l'eau, et n'ont guère d'autre locomotion que celle que peut leur communiquer les agitations de l'onde. Mais ces mouvements mêmes ne sont pas sans périls pour eux. S'ils les transportent sans effort d'un lieu à l'autre, il arrive souvent aussi qu'ils les renversent sens dessus dessous. Comment fera alors le pauvre polype, privé de bras, d'action, de mouvement? Périra-t-il la bouche enfoncée dans le sable? attendra-t-il qu'un mouvement inverse le remette sur sa base? Ni l'un ni l'autre. Dieu a donné à cette créature un moyen personnel de remédier à cet accident, c'est la faculté de sécréter dans sa substance même de petites bulles d'air qui, rendant un des côtés plus léger que l'autre, le forcent, d'après les lois de la pesanteur, à agir comme le ferait un flotteur.

Le champignon de mer ne constitue qu'un seul polype couvert de gélatine, mais on en trouve d'autres où l'expansion gélatineuse paraît commune à plusieurs polypes associés. Dans le premier cas, la maison n'a qu'un locataire, elle en a plusieurs dans le second, ainsi que l'indique la gravure ci-jointe.

Le corail rouge du commerce offre un exemple
analogue. C'est, comme chacun le sait, un petit

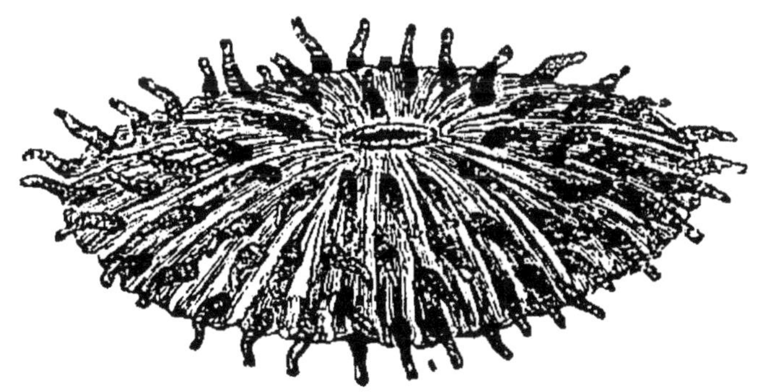

ESPÈCE DE MADRÉPORE.

arbre à branches calcaires, sécrétées par la gélatine qui les recouvre, comme l'écorce enveloppe
la branche. Les polypes, habitants du lieu, en sortent à foison, comme autant de petites fleurs étoilées. La petitesse, la dureté du corail et la facilité
avec laquelle il supporte le choc de l'eau, sont bien
connues de chacun de nos lecteurs. Mais il existe
d'autres espèces dans lesquelles les branches sécrétées par un procédé particulier sont d'une longueur considérable et seraient, par conséquent,
sujettes à se briser bien facilement, si la sagesse
divine n'avait prévu ce danger et n'y avait remédié.
Elle a donc construit ces branches fragiles d'une
manière toute spéciale. Au lieu de les faire dures
et cassantes, elle leur a donné une substance qui
ressemble à de la corne et qui en a plus ou moins
la flexibilité; ou bien elle les a composées d'une
matière cornée flexible et de nœuds calcaires pla-

cés à des intervalles réguliers. (Voyez l'*Isis hippuris*).

Quand on examine les branches d'un madrépore, on aperçoit sur sa surface une quantité de petites cavités visibles à l'œil nu ; chacune d'elles est une magnifique cellule dont les formes et la construction sont d'une exquise délicatesse, comme on peut

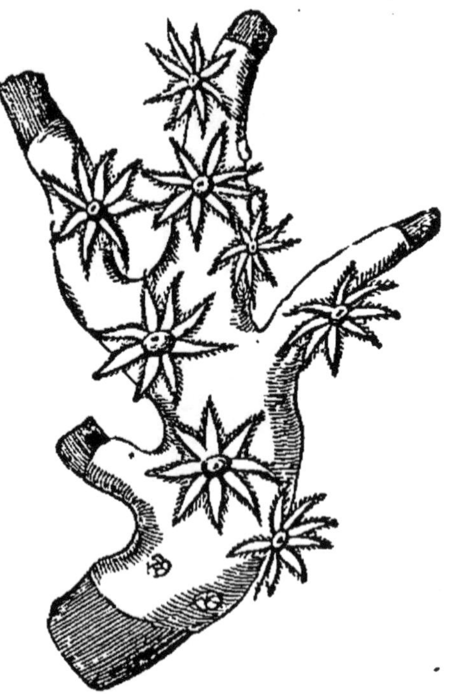

LE CORAIL ROUGE.

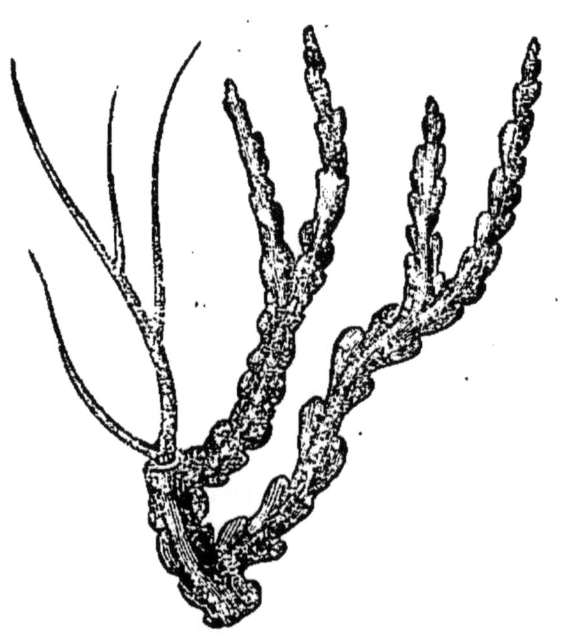

GORGONIA PUSTULOSA.

Deux des branches présentent l'enduit gélatineux, la troisième laisse voir la tige cornée.

en juger par la gravure ci-jointe. Ces détails, cela
va sans dire, ne se voient qu'au microscope.

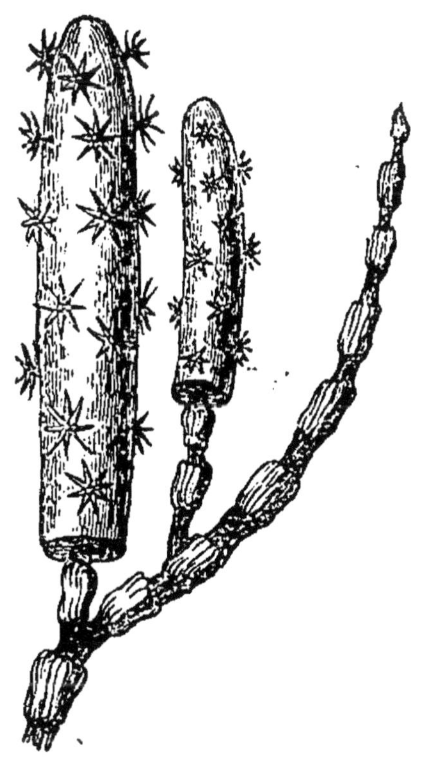

ISIS HIPPURIS.

Dans laquelle on peut observer la gélatine vivante avec ses
polypes, et dans la tige le mélange de matière cornée et
calcaire.

Dans les madrépores la surface extérieure de
chaque tige est couverte d'une gélatine vivante,
d'où sortent, par les innombrables cavités qu'on
observe à sa surface, des millions de polypes. La
gravure ci-dessus donne une idée de la structure
d'un de ces animaux appelés *Brain-stone* (cervelle
de pierre) à cause de sa ressemblance extérieure
avec cette partie de la tête humaine.

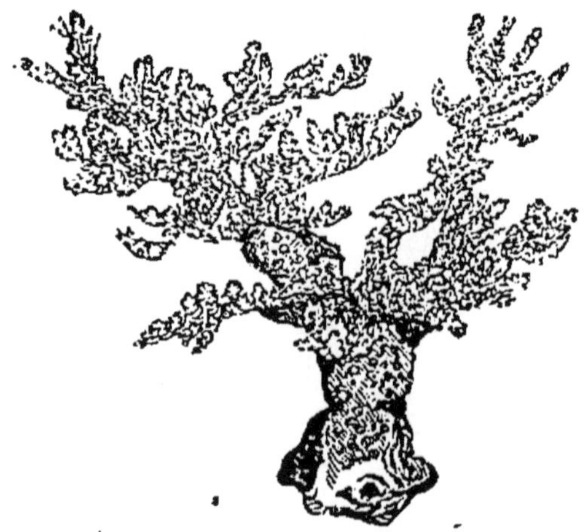

FRAGMENT DE MADRÉPORE.

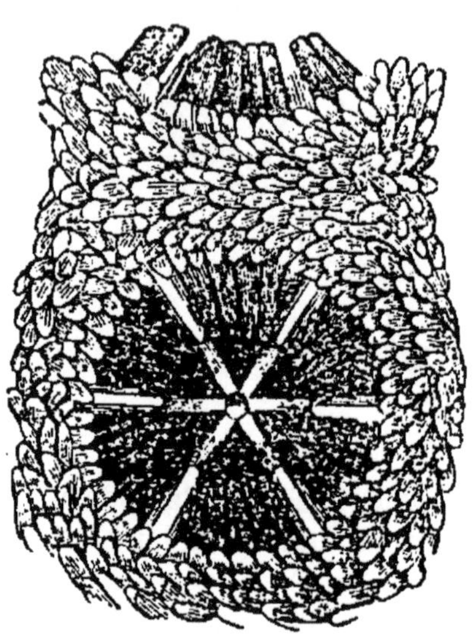

CELLULE DE MADRÉPORE.

Il est assez facile de se rendre compte de la formation de cette curieuse production. Sa surface extérieure est couverte d'une membrane gélatineuse vivante semblable à celle de l'éponge de mer que nous avons décrite un peu plus haut. Le premier dépôt qui se forme sur le roc quand l'animal

commence son existence est un très-petit noyau
qui s'augmente graduellement, parcelle par parcelle et couche par couche, jusqu'à ce que la masse
ait atteint un, deux et même trois pieds. Peut-être
pourra-t-on, quand on aura fait des observations
suffisantes, déterminer par le nombre des couches
l'âge de l'animal, comme on détermine avec une
exactitude satisfaisante l'âge des arbres par le

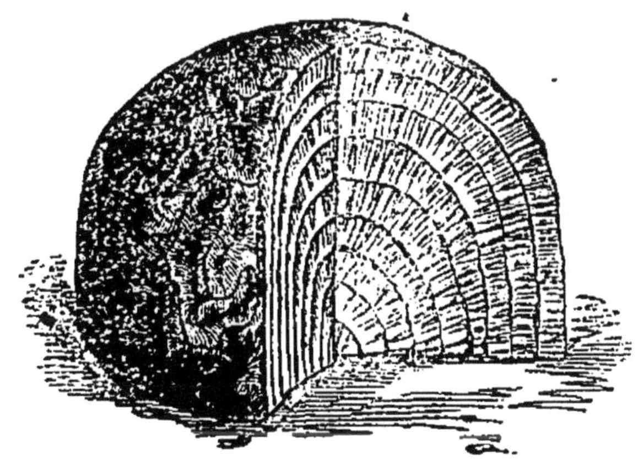

SECTION D'UN MADRÉPORE.

nombre des zones concentriques du tronc coupé
en travers. Toujours est-il que la brain-stone conduite par l'instinct que Dieu lui a donné, bâtit sa
petite construction avec autant de régularité et de
soin que si elle se servait du compas et de la règle.
Son tissu délicat tamise les matériaux qu'elle emploie et les solidifie par une puissance dont son
Créateur a le secret, et qui peut être analogue à
celle qui transforme nos aliments en la substance
même de nos os.

La *Pavonia lactuca* ou pavonia laitue est une

des merveilles de la mer du Sud, si riche en belles espèces. Elle se distingue par les magnifiques expansions foliacées de l'axe calcaire, qui les fait ressembler à un amas de fleurs en forme de coupe. Chaque coupe renferme un polype.

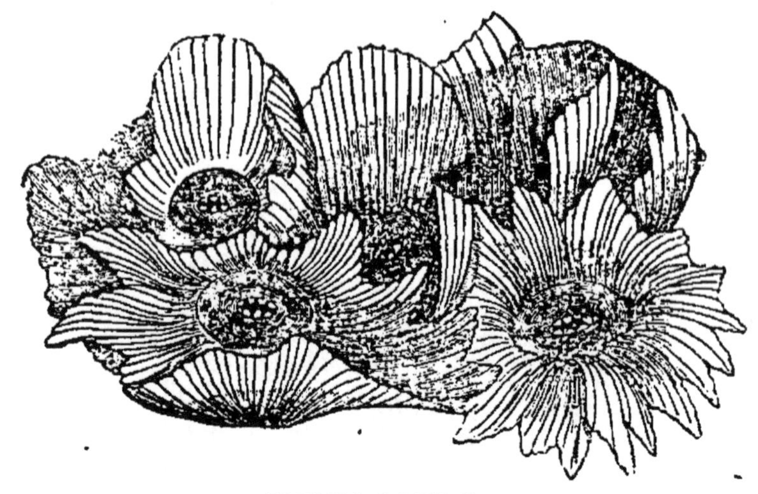

PAVONIA LACTUCA.

Dans les *Astrées*, les polypes sont placés au milieu de profondes cellules polygonales et lamellaires qui sont unies entre elles par une mince expansion gélatineuse qui recouvre la masse calcaire. Celle-ci est généralement d'une forme convexe à l'extérieur.

Lorsque les polypes de l'*Astrée verte* étendent au dehors leurs bras nombreux et de longueur inégale, ils ressemblent à de belles fleurs vertes dont le centre bleu est la bouche de l'animal. Et comme si Dieu voulait forcer notre admiration en nous faisant voir les inépuisables ressources de sa puissance, la variété de ses moyens, non-seulement il a créé des polypes qui ressemblent à des buissons, à des anémones, à des éponges, à des fleurs, mais il en a fait qui ressemblent à des roseaux et à des orgues. Telle est, entre autres, la curieuse *Tubipora musica,* qui habite les mers du Sud et qui est composée, comme l'indique la gravure, d'un grand nombre de tubes liés ensemble et ouverts à l'une de leurs extrémités. C'est par cette ouverture que le polype sort et rentre dans son élégante demeure. On comprend sans peine que c'est sa ressemblance avec le buffet d'un orgue qui lui a fait donner le nom qu'elle porte.

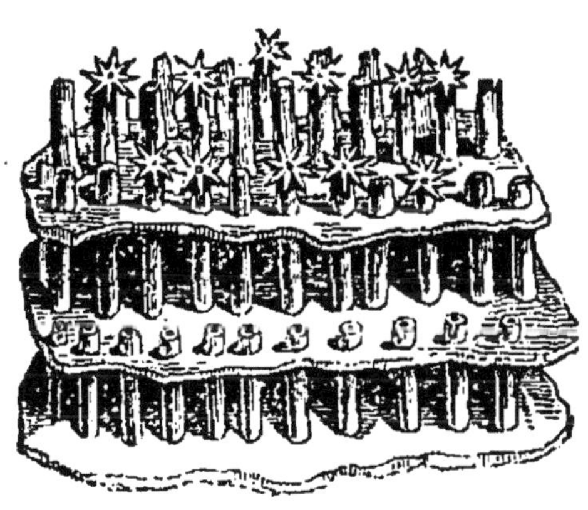

TUBIPORA, AVEC LES POLYPES QUI SORTENT DE QUELQUES-UNS DES TUBES.

Quoique les tubes de ce zoophyte soient souvent serrés les uns contre les autres, de manière à former une masse compacte et non pas espacée comme celle que présente la gravure, les animaux qui les habitent paraissent pourtant distincts les uns des autres, c'est-à-dire qu'ils ne sont pas vitalement unis. La ville qu'ils bâtissent est le résultat de leurs travaux combinés, mais chacun se construit son propre domicile. L'instinct est leur seul lien commun. Les planchers ou cloisons transversales qui affermissent les tubes polypiers en les fixant par leurs extrémités, sont disposées de telle façon qu'elles n'empêchent pas une rangée de tubes de s'ouvrir au-dessus de l'autre. Ces tubes sont d'un beau cramoisi et les bras du polype sont d'un vert pur. Quand l'animal les contracte, ils se replient étroitement comme le bouton d'une fleur, et se logent dans les plis d'une membrane qui termine le bord du tube, mais qui enveloppe aussi l'animal jusqu'à sa base.

L'extension ou la contraction de cet organe amène donc le polype à l'ouverture de sa demeure ou l'en éloigne, selon sa volonté; il assouplit ses mouvements, il protége ses bras, il ajoute à sa beauté; il nous offre un exemple de plus de cette simplicité et pourtant de cette puissance de moyens que l'Eternel a déployée dans ses œuvres.

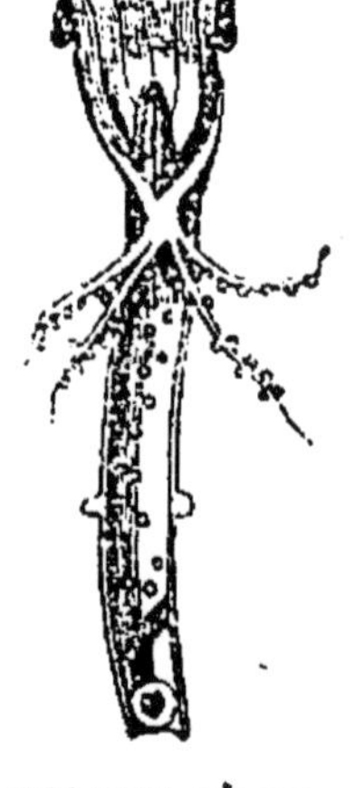

POLYPE D'UNE TUBIPORA.

Mais ce n'est pas assez que la membrane de ce petit polype le rende capable de monter ou de descendre dans son tube, elle forme elle-même ce tube en se pétrifiant graduellement à mesure qu'elle grandit, et, lorsqu'elle est arrivée à une certaine élévation, son rebord, qui avait eu jusqu'alors la forme d'un entonnoir, s'étend horizontalement, se redouble lui-même et forme un plancher composé de deux plaques soudées ensemble, et qui ne tardent pas à se solidifier par un dépôt de parties calcaires que la membrane sécrète dans sa propre substance. De plus, comme tous les polypes d'un même groupe agissent simultanément de la même manière, et sur le même plan, les rebords de leurs membranes se rencontrent, se soudent et forment ainsi la continuité, et la solidité de ce plancher, qui fait leur sécurité commune. Cela fait, le polype continue à croître et forme en s'élevant l'orifice du tube. Que de résultats obtenus par un seul moyen! L'homme, par les mouvements compliqués de ses machines arrive à un but simple, mais l'Éternel atteint un but compliqué par de simples moyens. La simplicité est le cachet de ses œuvres; elle est aussi celui des œuvres du génie.

A la base des bras, huit filaments qui tiennent à la membrane intérieure traversent le tube et s'étendent au dehors. Les germes, les semences, les œufs qui contiennent la race future sont attachés à leur surface par un prolongement en forme de cou. Comment sont-ils émis? est-ce pendant la vie ou après la mort du polype-mère? comment s'agglomèrent-ils? comment forment-ils des faisceaux de tube sous les anciens? Nul ne le sait. Les rochers calcaires du Derbyshire sont riches en fossiles de cette espèce.

Quoique nous ayons déjà mentionné bien des
espèces de polypes fort distincts les uns des autres, il en existe encore d'autres qui sont eux-mêmes différents de ceux que nous avons décrits. Les
uns se composent d'un corps épais, muni de spicules calcaires semblables à celles des éponges, et
traversé par de nombreux canaux. Les polypes qui
les couvrent ressemblent aux hydres. Ils sont logés
à la surface, dans de petites cellules d'où ils sortent pour étendre leurs bras.

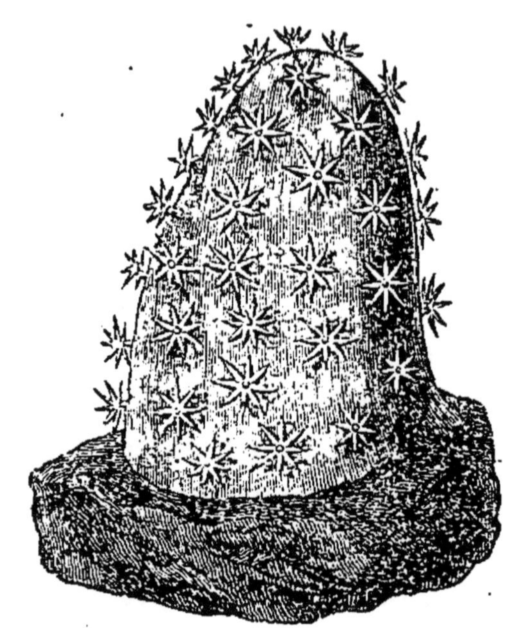

ALCYONIUM AVEC SES POLYPES.

D'autres espèces qui sont en général fixées sur
des substances étrangères, telles que pierres ou
coquillages, présentent encore d'autres variétés de
forme. Leur surface supérieure est munie de cellules dans lesquelles logent les polypes, qui, lors-

qu'ils sont tous au dehors, couvrent la masse pul-
peuse centrale de la multitude de leurs jolies fleurs
étoilées. La cavité stomacale des
polypes du genre *Cydonium* présente un tube allongé qui porte
la nourriture dans l'intérieur de
la masse. De cet estomac sort un
filament tubulaire qui contient les
œufs. A l'époque de leur maturité,
ils passent dans l'estomac, puis de
l'estomac ils atteignent les eaux,
par la bouche de leur mère.

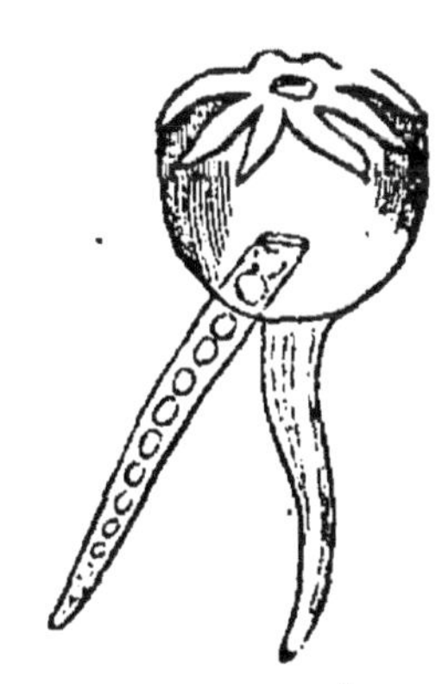

POLYPE DE L'ES-
PÈCE CYDONIUM.

Quoique les polypes soient un avec la masse générale qui les porte et qu'ils la nourrissent en
mangeant pour elle, il ne paraît pourtant pas exister de communauté de sensation entre eux. Ils se
contractent ou se déploient indépendamment les
uns des autres. L'atteinte portée à l'un et suffisamment ressentie pour le forcer à se replier, n'affecte
pas les autres. Une blessure faite à l'une des por-
tions de la masse est inaperçue dans les autres
parties ; cependant si l'on donne un choc capable
de se faire sentir à la masse entière, tous les polypes se contractent ensemble, probablement parce
qu'ils éprouvent tous ensemble un ébranlement
qui les avertit du voisinage de quelque danger.

Cuvier regarde les *Plumes de mer* comme formant parmi les polypes une section distincte, qu'il
appelle polypes détachés ou nageurs ; ils consistent
en un axe calcaire qui n'est fixé à rien. Leur nom

vient de leur ressemblance assez frappante avec
une plume garnie de ses deux barbes. Chaque
barbe est garnie d'une rangée de polypes qui imitent le duvet de la plume d'oie, et complètent ainsi
la ressemblance.

UNE PLUME DE MER, PENNATULA.

Nos lecteurs peuvent voir, par ces divers exemples, que la variété de formes que présentent les
zoophytes est presque infinie, et qu'il y a là ample-
ment de quoi observer, raisonner et admirer. Non-
seulement ils s'étendent en forêts sous-marines et

POLYPES D'UNE BARBE DE LA PLUME DE MER.

tapissent de leur végétation le fond des eaux, mais
ils imitent des formes plus étranges encore : celle
de plumes qui se balancent et flottent dans l'onde ;
celle d'éventail, de dentelles, ou se formant en
masses compactes et considérables, ils présentent
l'aspect d'un buisson de fleurs brillamment tein-
tées, ou de cavernes marines dans lesquelles l'eau

bleue dort tranquillement. Tout ce luxe n'est pas absolument inutile à l'homme. Dans de certains endroits, à Djeddha, par exemple, en Arabie et dans plusieurs parties du littoral de la mer Rouge, les maisons sont construites avec des blocs de madrépores magnifiques. Dans les îles de l'Inde et de l'Océan oriental, on s'en sert pour fabriquer de la chaux; à la Martinique on les retire du sein de la mer pour en faire le même usage.

Pour avoir une idée de la nature et de la structure d'un banc de corail, il faut que nos lecteurs se représentent une colline rocheuse sous-marine, composée de pieds de coraux enchevêtrés, agglomérés et remplis dans l'interstice de leurs branches et dans les vides que les troncs laissent entre eux, de débris de plantes marines et de coquillages que les courants y ont introduits et qu'ils n'ont pu ensuite arracher. Le tout forme une espèce de pierre spongieuse. La plus grande partie de la surface de cette colline est plate et voisine du niveau de la basse mer. Près de ses bords, elle descend en pentes graduelles jusqu'à la profondeur de trois ou quatre brasses, puis elle plonge soudain en pentes abruptes jusqu'au fond de la mer, c'est-à-dire jusqu'à une profondeur qui varie entre vingt et deux cents brasses. Quand la surface du banc est à découvert, elle ressemble à une plage sablonneuse parsemée de quelques dalles égrenées, et de coraux brisés qui ont l'aspect de sable d'un blanc étincelant. Examinée de plus près, cette surface est gercée de cavités plus ou moins profondes, dans lesquelles se trouvent de petits coraux vivants, mais partout où elle est couverte de deux ou trois pieds d'eau, on y trouve de véritables champs de coraux, des amas de madrépores branchus, des blocs de *Meandrina* et d'*Astrea* vivants ou morts.

En avançant de cette partie plate et centrale vers les extrémités du banc, les coraux vivants deviennent de plus en plus nombreux. Des blocs de deux ou trois mètres qui ne sont fixés à rien et que leur pesanteur seule tient en place se rencontrent çà et là au milieu du ressac des brisans. Dans les endroits où la pente est plus douce on aperçoit jusqu'à une profondeur de quarante à cinquante pieds des espaces couverts alternativement de coraux et de sable blanc, mais au delà de cette limite le bleu foncé de l'eau ne permet plus de rien distinguer. Il résulte donc de ce que nous venons de dire qu'un banc de corail est une masse de matière inerte qui ne vit qu'à la surface extérieure et surtout le long de ses pentes ; masse qui est en perpétuel état de formation et de développement, et qui, quoique formée au début par des corps imperceptibles et fragiles, finit par acquérir avec le temps une consistance et une solidité capables de braver les plus violents efforts de l'Océan.

Avant de passer à un autre chapitre nous ne pouvons nous refuser à faire encore une citation qui joint au mérite d'une peinture vive et pitto-

resque celui d'indiquer l'utilité finale de ce travail sous-marin de tant de milliards de petits êtres
dont la création semblerait un jeu, si leur existence et leurs travaux ignorés ne finissaient pas
par servir à un but utile et sérieux.

« Dans un petit coin du bord intérieur, dit M.
Jukes, se trouvait un enfoncement bien abrité où
la dernière pente du récif était pleinement en vue.
D'innombrables coraux la tapissaient. On voyait
parmi eux les masses mollement arrondies des
Méandrines et des *Astrées* qui contrastaient avec
les branches délicates de l'*Explanaria*, dont les
constructions affectent la forme de feuilles ou de
coupes.

« Une infinie variété d'autres madrépores éta-
laient ailleurs leurs beautés. Les uns droits et unis
ressemblaient à de simples doigts ; d'autres à des
troncs garnis de vastes rameaux ; d'autres enfin
offraient l'élégant assemblage de plantes entrelacées d'un tissu exquis et délicat. Les couleurs dont
brillaient tous ces êtres étaient sans rivales. Le
vert le plus vif contrastait avec le brun le plus sombre ou avec le jaune mélangé de riches teintes de
pourpre, et passant par toutes les nuances depuis
le rose pâle au bleu foncé. Les *Nullipores* rouge
pâle mêlés au flocons perlés de l'*Escare* et aux
Retepora qui ressemblent à des dentelles d'ivoire,
couvraient de leurs végétations vivantes les parties déjà mortes du récif qui leur servait de base,

comme eut pu le faire un rocher. De beaux poissons d'un vert métallique ou cramoisi, capricieusement rayés de bandes jaunes ou noires nageaient au milieu des branches de coraux, ainsi que les oiseaux sautillent au milieu de la ramée de nos bosquets. Çà et là de larges places couvertes de sable d'un blanc étincelant se détachaient du fond et près des réduits obscurs formés par les ombrages touffus. Ajoutez à cela le jeu vif et changeant de la lumière sans cesse déplacée ou modifiée par l'agitation superficielle de l'eau, et vous comprendrez la rare beauté de la scène que j'essaie de vous décrire. Elle réunissait tout ce que l'élégance des formes, le brillant et l'harmonie des couleurs peut offrir de plus recherché.

« Mais ce n'est là que le côté poétique de l'architecture des polypes. Ces millions redoublés de petits bras chétifs qui travaillent en silence dans la profondeur des eaux poursuivent un but bien autrement utile que celui d'étaler à nos yeux le luxe splendide mais stérile de leurs beautés. Chaque polype est membre actif d'un tout dans lequel il exécute sa tâche au milieu de sa génération. Les générations elles-mêmes se succèdent, se remplacent, mais leur œuvre reste et leur survit. C'est pour cette œuvre qu'elles ont été appelées à l'existence, c'est pour la poursuivre sans aucun retard, qu'elles quittent la vie et cèdent la place à d'autres ouvriers plus jeunes et plus féconds. Enfin, après beaucoup d'années et beaucoup de générations, l'édifice calcaire basé sur quelque colline volcanique du fond, approche de la surface des eaux et bientôt l'affleure. C'est d'abord un banc, puis ensuite une île de corail qui dispute sa place aux flots, et finit par leur opposer une de ces barrières qui arrêtent l'élévation des ondes (JOB XXXVIII, 11).

« L'île s'étend à l'est, à l'ouest; les oiseaux de mer la visitent bientôt. Familiers avec le bruit des vagues, ils établissent sur le nouveau territoire que l'Océan leur abandonne, leurs nids composés d'algues marines qu'ils vont arracher sur des rivages plus lointains ou que les courants apportent à proximité. Pendant un grand nombre de saisons, leurs familles y vivent et s'y élèvent en paix. Leurs déjections accumulées forment la première mais féconde couche de terreau qui, plus tard, rendra l'île habitable pour d'autres créatures qu'eux. Bientôt les vagues ou les oiseaux eux-mêmes apportent quelques graines qui ne tardent pas à germer, et qui, en mourant laissent tomber sur le sol leurs débris. De nouvelles générations de plantes et d'oiseaux travaillent sans cesse à exhausser et à enrichir cette île. Le banc sous-marin a disparu sous un tapis de verdure, le sable ne paraît plus que sur ses bords, et quand le cocotier élèvera sa tête gracieuse au-dessus des gramens et des arbustes, une forêt se formera, et en s'étendant, en retenant l'humidité de la terre, elle doublera la fertilité de ce fortuné séjour. Alors, et quand tout sera ainsi préparé, Dieu conduira près de l'île nouvelle la pirogue de quelque sauvage qu'il jettera hors de sa route par un coup de vent providentiel, ou bien, il ordonnera aux courants de chasser vers ces nouveaux parages un navire aventurier. L'homme prendra alors possession de la demeure que la bonté de l'Éternel lui a préparée ; mais trop souvent hélas ! ce sera sans connaître la main qui l'enrichit. Pour que la vérité germe sur l'île nouvelle, il faudra que le souffle de l'Esprit de Dieu y apporte la semence incorruptible, et que le missionnaire la sème, l'arrose, en attendant que Dieu la fasse germer et croître. Alors, du sein de l'onde, au même endroit où naguère la vague passait silencieuse et sans obstacle, s'élèvera la voix de louange de tout un peuple qui glorifie et bénit l'Éternel. Mais pour que ces enfants de Dieu adorassent en cette terre nouvelle, il a fallu que l'imperceptible polype poursuivit pendant des milliers et des milliers d'années son travail ignoré ; oui ignoré, mais non pas inutile, puisque finalement Dieu en tire sa louange. »

CHAPITRE IX

ANIMALCULES.

Lorsqu'on examine au microscope une goutte d'eau qui renferme des substances animales ou végétales en décomposition, on y aperçoit avec surprise une foule d'animalcules très-différents les uns des autres. Leurs dimensions varient de $\frac{1}{96}$ à $\frac{1}{2000}$ de ligne de diamètre. Ils sont souvent si nombreux que les intervalles qui les séparent sont encore plus petits que leurs corps mêmes.

Les uns se meuvent avec une rapidité telle que l'œil peut à peine les suivre et les observer; d'autres se traînent aussi lentement que la sangsue. Il en est qui tournent rapidement sur eux-mêmes comme si une partie de leur corps leur servait de pivot, tandis que d'autres ont des mouvements calmes et presque engourdis. La plupart de ces animalcules se meuvent en faisant de légères ondulations, quoiqu'il y en ait qui procèdent par sauts peu considérables. Cependant, et de quelque manière que s'accomplisse en eux la locomotion, ils ont tous, au milieu même de leurs gambades, la faculté d'éviter les obstacles qui se présentent, et de s'éviter mutuellement.

Il y a des espèces d'animalcules plus communes les unes que les autres, mais on peut toujours obtenir à volonté les espèces les plus rares, en mettant infuser dans un vase d'eau du gazon ou des feuilles, et surtout celles de sauge. Au bout de deux ou trois jours d'exposition au soleil et à l'air, cette infusion est remplie d'animalcules. On pourra s'en convaincre en en mettant une goutte sur un verre, et en l'examinant au microscope. L'eau des fossés, des étangs, est riche aussi en animaux de cette espèce, mais il faut, pour jouir pleinement du spectacle de ce monde invisible, avoir quelque habitude des instruments. L'œil a besoin de se former à l'observation. Il ne voit pas nettement du premier coup, mais l'expérience le rend bientôt capable de tirer tout le parti possible d'un microscope bien construit.

Les animalcules dont nous parlons ayant d'abord été découverts dans une infusion de feuilles, on supposa qu'ils ne pouvaient pas exister sans elles, et on les nomma, à cause de cela, des *Infusoires*. Puis, après les avoir observés un peu plus attentivement, on remarqua, au travers de leur enveloppe transparente, qu'ils avaient dans l'intérieur de leur corps plusieurs poches, que l'on prit généralement pour des estomacs, et les infusoires furent appelés par les savants des *Polygastres*, mot qui signifie : *plusieurs estomacs.*

Quoique les infusoires soient en général extrêmement vifs, on ne peut discerner, dans leur composition, aucun filament nerveux, aucune cervelle ou masse centrale sur laquelle les agents extérieurs puissent faire impression. On a supposé que la substance nerveuse, au lieu de se ramifier au milieu de leur système, était universellement répandue au travers de tout leur être, et y était complétement mélangée. Cette supposition a quelques probabilités en sa faveur, mais ce n'est qu'une supposition, et il est probable aussi que la ténuité excessive des nerfs des infusoires peut fort bien les faire échapper à l'observation microscopique, comme l'infusoire lui-même échappe à l'œil nu.

Quoi qu'il en soit de leurs nerfs, il est certain que chacun de ces petits êtres est parfaitement conformé pour jouir de l'existence. Dieu, en ne dédaignant pas de les créer, l'a fait avec la bonté qui lui est ordinaire, aucun d'eux n'est déshérité de la part de biens qui peut lui être utile. On peut appliquer aux infusoires cette parole qui a été dite de l'homme, mais qui est vraie à tous les degrés, c'est qu'il nous a donné *toutes choses abondamment pour en jouir.*

On a déjà compté et classé vingt-six espèces d'animalcules, qu'on appelle *Monades*, parce que le seul organe de locomotion qu'on leur ait découvert jusqu'ici est une petite trompe qui sort du voisinage de la bouche, et qui, par ses mouvements de rotation, ou plutôt de vibration, présente l'apparence d'une réunion de cils nombreux.

Une autre espèce a pour caractère particulier une petite tache rouge, semblable à un œil. Elle est placée au dedans de l'animal, à la partie antérieure de son corps, et on la considère comme un organe visuel rudimentaire.

Une autre famille est caractérisée par une substance gélatineuse et membraneuse, qui a quelque analogie avec l'écaille. Comme l'animal y est plus ou moins enfermé, et qu'il est probable qu'elle lui a été préparée pour le protéger, on lui a donné le nom de *Lorica*, qui signifie *cuirasse*, et à l'animal celui de *Loriquaire*. Cette enveloppe présente différentes formes; tantôt elle ressemble à un bouclier ouvert, tantôt à une boîte close, à un vase, à une coquille d'huître ou de moule.

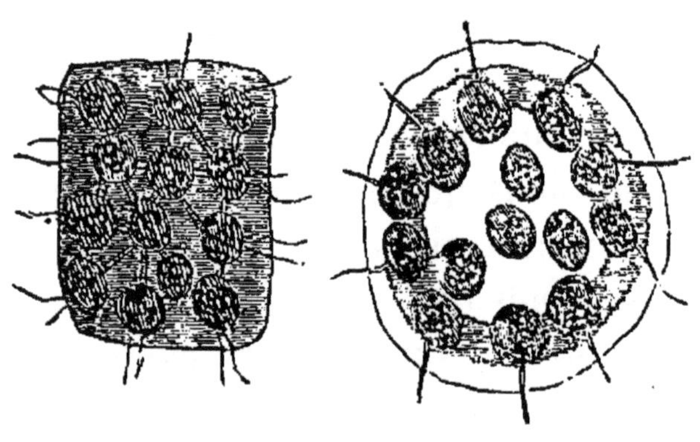

GONIA.

Le genre *Gonium* n'est pas autre chose qu'un amas d'animalcules formé de seize corps sphériques, et renfermés dans une enveloppe transparente, où ils sont symétriquement répartis à peu près comme l'étaient les douze pierres précieuses dans le pectoral du souverain sacrificateur des Juifs. Lorsque l'amas paraît irrégulier, cela montre que quelques-uns des animalcules sont arrivés à maturité, et cherchent à se détacher du groupe. Les *Gonia* sont d'une belle couleur verte transparente.

On a divisé les animalcules polygastres en deux groupes primaires ; les *Loriqués* ou cuirassés, et les *mous* ou sans coquilles. Quelques animalcules de cette dernière classe, comme le *Protée (Amœba)*, par exemple, peuvent se créer à leur gré des organes de locomotion, et présentent ainsi de perpétuels changements de forme. Ces rames temporaires produites par la partie mi-fluide du corps, sont des appendices, des doigts, que l'animal projette, retire ou laisse tomber sélon sa volonté du moment. Il en pousse d'autres au dehors à la première occasion, et cela sans appa-

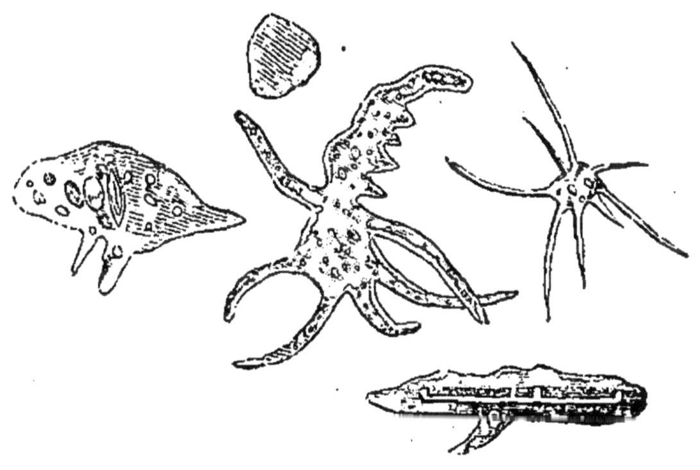

PROTEUS. AMOEBA.

rence d'épuisement et sans autre limite que la nécessité.

Il y a des infusoires qui ont pour se mouvoir un
pied charnu non divisé, qui sort d'une ouverture
centrale, et qui ressemble assez à la partie du
corps dont les escargots se servent pour se mouvoir. Cet organe, que l'animal emploie pour ramper,
lui sert aussi à tirer à lui certains objets, ou à les
repousser. D'autres animalcules sont pourvus de
crochets pour se fixer aux corps environnants;
d'autres enfin, et ce sont les plus nombreux, sont
pourvus de cils vibratoires qui leur servent d'organes de locomotion, et qui sont disposés pour
cela sur diverses parties du corps, ou sur le corps
tout entier. On suppose que leur action est circulaire, c'est-à-dire qu'ils se meuvent en rond, et de
manière à produire un courant sensible dans le
fluide environnant. Ces cils entourent tout le corps
dans certaines espèces, comme celle du *Paramecium* de notre gravure, mais ordinairement ils
ne bordent que la bouche ou ses environs. Le
tourbillon qu'ils produisent sert
non-seulement à pousser l'animal en avant quand il en sent
le besoin, mais aussi à diriger
vers sa bouche les animaux plus
petits, ou les parcelles de ma-

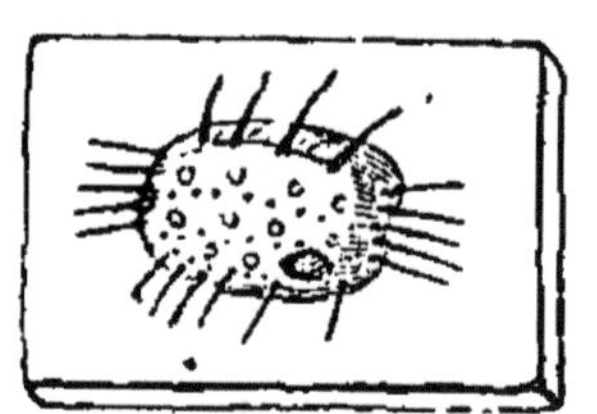

EUFLOEA CHARON.

tières végétales dont il se nourrit, et qu'il ne pourrait saisir par aucun autre moyen.

La bouche des animalcules poligastres est en

général un simple orifice susceptible de se contracter et de se dilater. Dans quelques espèces cependant elle a la forme d'un petit bec, ou plutôt d'un tube armé de nombreuses dents d'une forme allongée. Elles ont été faites de façon à retenir et à broyer en même temps la nourriture que l'a

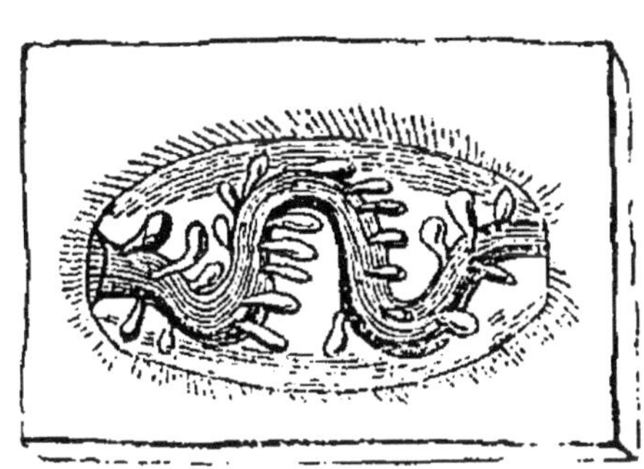

PARAMECIUM AURELIA.

nimal veut avaler. Aussi Dieu n'a pas entouré de cils une bouche si bien garnie, cela n'était pas nécessaire ; mais il en a invariablement et abondamment pourvu celles qui n'ont qu'une simple ouverture. La trompe des animalcules, lorsqu'ils en ont une, est située, comme nous l'avons déjà vu, vers l'extrémité inférieure de ces petites créaturés. Cet organe est fendu, et figure une bouche à

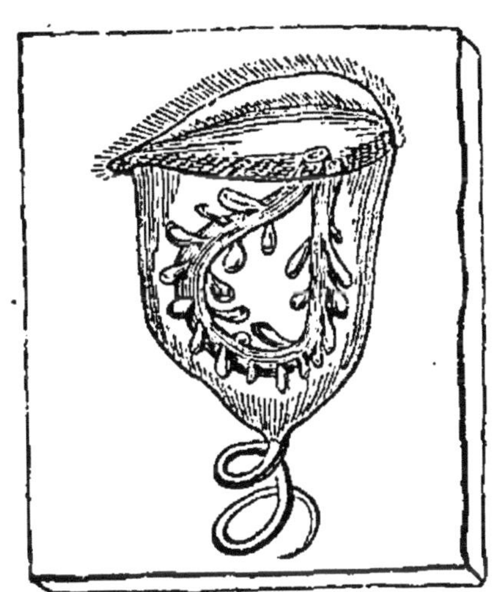

CILS DU VORTICELLA.

deux lèvres. La lèvre supérieure qui porte la trompe est très-facile à distinguer.

Le nom de polygastres (plusieurs estomacs), que l'on a donné au groupe dont nous parlons, vient de la conformation de leur appareil digestif,

qui semble consister en un certain nombre de
sacs ou d'estomacs, lesquels, dans diverses espèces, tiennent à la bouche par des tubes séparés
et liés, dans d'autres espèces, à un canal intestinal
qui traverse tout le corps. Dans quelques-unes,
telles que le *Paramecium Aurelia*, il se termine
à l'extrémité opposée à la bouche, mais dans d'autres, comme le *Vorticelle*, il vient en se contour-
nant aboutir à une dépression qui est près de la
bouche elle-même.

Quoiqu'il soit facile en toutes circonstances de
distinguer les estomacs des polygastres, cela devient plus facile encore, lorsque ces animaux ont
avalé de l'eau chargée d'une matière colorante très-
tranchée. Il faut seulement prendre garde que la
substance dont on fait choix, n'agisse pas comme
un poison sur les animaux auxquels on l'offre.
L'indigo ou le carmin sont les couleurs qu'il faut
préférer quand on est sûr de les avoir bien pures.

Quand on ajoute à une goutte d'eau contenant
des vorticelles, une petite quantité de dissolution
d'indigo, on voit au bout de quelques instants de
petites taches bleues circulaires apparaître dans
le corps de l'animal, et rendre ainsi visible le tube
intestinal, dans lequel on peut suivre la route graduelle de la substance colorée. C'est par des expériences de ce genre qu'Ehrenberg crut enfin pouvoir déterminer le nombre des estomacs de chaque espèce, ainsi que la direction du tube intestinal.

Tous les estomacs d'un même individu ne se remplissent pas en même temps ; il en est plusieurs qui restent assez longtemps avant de recevoir aucune partie de la matière colorante. Le tube alimentaire n'est jamais non plus teinté dans tout son parcours d'une manière simultanée. Le nombre des estomacs que l'on distingue par ce procédé est variable, suivant les espèces ; il va jusqu'à deux cents pour quelques-unes.

Il ne faudrait pas toutefois s'imaginer que les conclusions que l'on a tirées de l'observation microscopique des polygastres soient tellement certaines que l'on puisse désormais les regarder comme acquises à la science. Le professeur Jones, par exemple, n'admet point les conclusions d'Ehrenberg, et il est même arrivé par ses observations personnelles à des résultats très-différents.

L'instrument dont il se servait était un microscope achromatique composé ; il employait des grossissements de $^9/_{10}$, $^1/_2$, $^1/_4$ et $^1/_8$ de pouce de foyer. Il a constaté que la position des orifices qui reçoivent et rejettent la nourriture est bien telle qu'Ehrenberg l'avait indiquée, mais les recherches les plus patientes ne lui ont pas permis de découvrir l'arrangement du tube, et les sacs qui en dépendent, tels qu'Ehrenberg les a figurés et décrits.

Lorsqu'un de ces animalcules carnivores en avait avalé un autre, il n'a jamais pu voir cette proie passer comme il s'y attendait dans un des soi-disant estomacs, mais il la suivait, au contraire,

dans une cavité qui semblait exister dans le paren-
chyme général du corps. Ces sacs ou estomacs
eux-mêmes ne lui paraissent pas attachés à aucun
tube, il les a vus, au contraire, dans une circulation continuelle ; ils changeaient de positions relatives, comme les granules colorés de la substance
gélatineuse de l'hydre. Il lui semble même que la
déglutition de ces animaux conduit à imaginer une
structure interne toute différente de celle que décrit Ehrenberg.

Pour confirmer ses vues, le docteur Jones décrit
les changements de forme que subissent ces animalcules quand ils dévorent une proie presque
aussi volumineuse qu'eux-mêmes, et qui ne peut
par conséquent entrer dans un des soi-disant estomacs. Les quatre figures ci-dessous représentent
un des animalcules (l'*Enchelis pupa*) dans son état
naturel d'abord, puis au moment où il dilate sa
bouche pour attaquer un autre animalcule qui vient
à sa rencontre ; au moment où l'ayant saisi il l'avale
avec effort, et enfin dans l'état distendu où il se
trouve quand il l'a complétement absorbé.

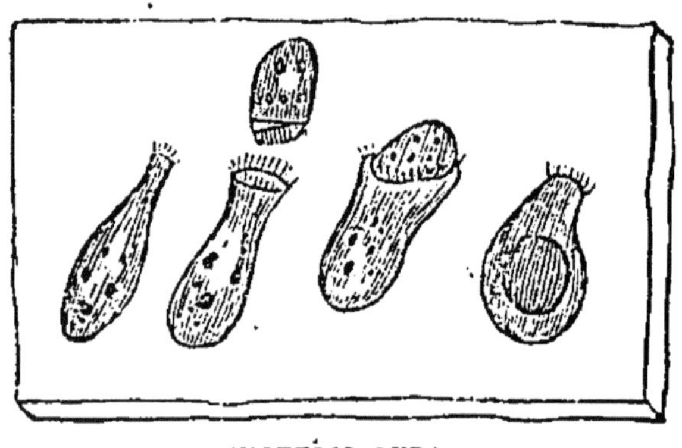

ENCHELIS PUPA.

Lorsque les observations de deux naturalistes très-intelligents, très-attentifs tous deux, les conduisent à des résultats si opposés, il faut suspendre son propre jugement et attendre que de nouveaux faits les concilient. Remarquons toutefois pour expliquer la méprise qu'a pu faire Ehrenberg, que les granules qu'on observe dans l'hydre et qui certainement ne sont pas des estomacs, se colorent aussi et par un moyen encore inconnu, des liquides qu'absorbe l'animal. Ils circulent dans cet état tout au travers de la substance gélatineuse de son corps.

Le mode de reproduction des animalcules est si différent de celui des autres créatures, que cette partie de leur histoire est faite pour exciter vivement notre admiration ; et ce qu'il y a de plus surprenant peut-être, c'est que le même individu peut, semble-t-il, se reproduire de quatre manières différentes.

L'un de ces modes est la reproduction par gemmules ou par boutons qui sortent de la surface supérieure de la mère comme nous l'avons remarqué dans l'hydre. Ces gemmules prennent graduellement la forme qui leur est propre ; ils développent leurs cils, puis, quand ils peuvent vivre de leur propre vie, ils se détachent et deviennent indépendants.

ACCROISSEMENT PAR GEMMULES.

Un autre mode est celui que l'on observe dans le *Volvox globator*; il s'opère par l'apparition de petits corps globulaires d'un vert sombre, qui sont couverts, comme leur mère, de cils vibrants au moyen desquels ils nagent dans l'intérieur de son corps où ils semblent avoir un espace très-suffisant. La transparence de cet animalcule qui est d'une forme globulaire et d'un vert pâle, permet

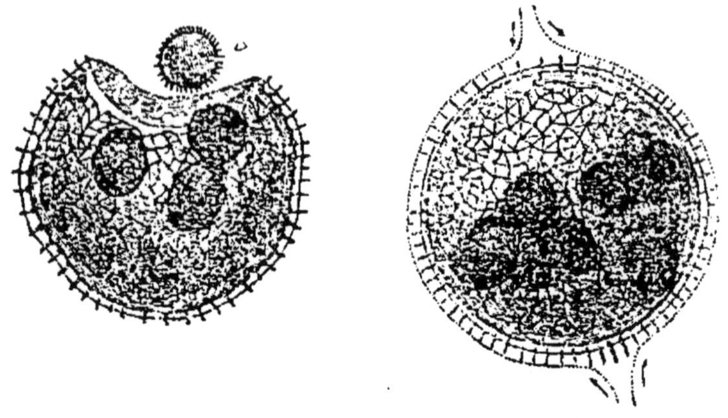

ACCROISSEMENT DU VOLVOX GLOBATOR.

de suivre, à travers sa substance, le mouvement des germes qu'il renferme. Pendant longtemps on a regardé le globule entier comme un simple animalcule cilié, et le moment de son ouverture semblait être celui de la création de nouveaux individus. On a changé de manière de voir. On pense que chaque globule est un monade creux composé de plusieurs centaines ou de plusieurs milliers de petits animalcules que l'on peut voir aisément. Quand ils ont atteint un degré suffisant de développement, la peau extérieure s'ouvre, et ils sortent de

leur prison pour commencer chacun une existence semblable à celle de l'enveloppe-mère.

Cependant le mode le plus fréquent et certainement aussi le plus extraordinaire de la reproduction des animalcules, est celui de la division de l'a-
nimalcule lui-même en deux ou plusieurs parties,
dont chacune devient un être parfait. Les infusoires dont la forme est al-
longée se divisent ordi-
nairement longitudinale-
ment ; ceux qui sont ova-
les, transversalement ;

ACCROISSEMENT DU MONADE.

mais que la division se fasse de l'une ou de l'autre
manière, chaque moitié devient un être distinct
muni de tous ses organes.

Quelques animalcules se propagent tout à la fois
par gemmules et par divisions, mais surtout par
division. Le *Convallaria* est dans ce cas. Cet infusoire ressemble à une fleur en forme de cloche.
Le support grêle qui le porte sert aussi à le fixer
aux objets solides sur lesquels il passe sa vie. Cette
tige ou pied est très-contractile ; elle se roule en
spirale quand l'animal est effrayé, et c'est en se ra-
courcissant par ce moyen et en se rapprochant
ainsi du fond des eaux que l'animal se garantit du
danger. La division ne s'opère que dans la cloche.
Quand la saison où elle doit se faire est venue, le
convallaria augmente de volume et son bord se
fend. Cette fissure s'étend graduellement jusqu'à
sa base. Quand elle est achevée, une des moitiés

se complète et continue à vivre sur la même tige ; l'autre moitié reste attachée au support maternel jusqu'à ce que l'individu soit complet à son tour, il se détache alors, puis, au moyen des cils qui garnissent son bord et sa base, il nage à l'aventure et s'éloigne. Dans cet état de liberté il subit différents changements de forme qui ont fait prendre pour autant d'espèce distinctes, le même animal qui se transformait successivement. A cet âge son pied n'est pas encore développé. Il ne l'émet que peu à peu et quand, devenu adulte, il cherche à se fixer sur quelque objet solide. La figure ci-jointe fera comprendre tout ce que nous venons de dire des transformations de la division et de la contractibilité de cet infusoire.

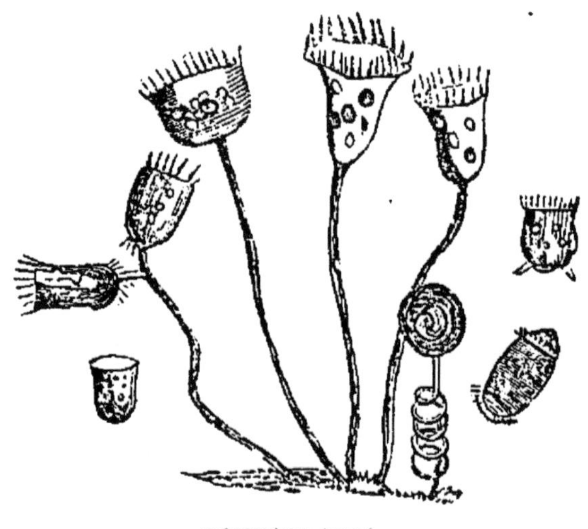

CONVALLARIA.

La reproduction par division se montre sous d'autres formes encore, tant est grande l'inépuisable variété de la puissance créatrice de notre Dieu.

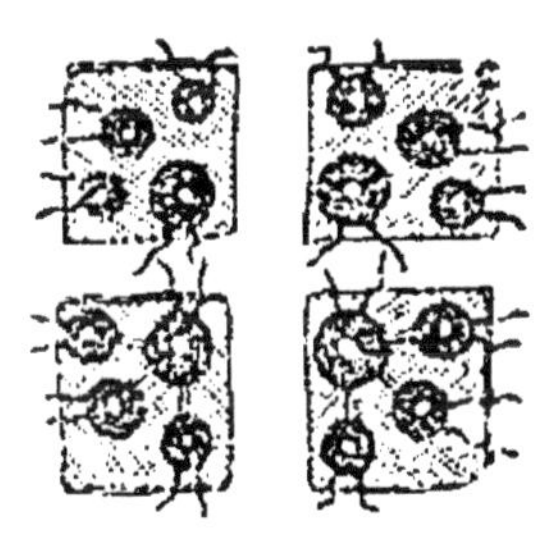

ACCROISSEMENT
DU GONIUM.

Ainsi, par exemple, le *Gonium* qui est un infusoire formé d'un certain nombre de globules enfermés dans une enveloppe mince et transparente, se divise en quatre parties égales contenant chacune un globule large et trois plus petits.

Chacune de ces divisions nage en liberté et va reformer ailleurs le groupe complet de seize globules qui se divisera à son tour quand viendra le temps de la maturité. Dans d'autres espèces la division s'opère en parties plus nombreuses encore ; il y en a qui émettent des œufs ou des semences ; c'est le cas du *Kolpoda cucullus*, par exemple : Ehrenberg dit les avoir vu très-distinctement et il les peint comme une masse délicate ressemblant à une dentelle.

Quand on réfléchit à ce que la reproduction par division présente d'extraordinaire, on ne peut qu'être saisi d'admiration en voyant les manifestations variées que la vie produit par l'ordre du Créateur. N'est-ce pas une chose inouïe, en effet, qu'une fraction, une parcelle d'animal puisse se compléter soi-même, se créer les organes qui lui manquent, et leur donner la forme, la place, la production voulues. Et quelle fécondité ! Le *Paramecium aurelia* peut se diviser une fois toutes les vingt-quatre heures, pourvu qu'on lui donne de la nourriture en abondance, et comme chacune de

ses divisions peut en faire autant, un de ces animalcules peut avoir, au bout d'un mois, une postérité de 268,435,456 individus.

L'air est l'agent indispensable de cette énorme
fécondité. Elle est totalement anéantie en son absence ; elle reparaît dès qu'il est là. On a fait pour
le constater une expérience qui nous paraît assez
curieuse pour trouver ici sa place.

« Je mis, dit un observateur, dans un flacon de
verre de l'eau distillée, à laquelle je mêlai différentes substances animales et végétales, et je fermai
le tout avec un bon bouchon traversé de deux tubes de verre courbés à angle droit et bien hermé-
tiquement lutés. Je plaçai ensuite ce flacon ainsi
préparé dans un bain de sable que je chauffai jusqu'à ce que l'eau de ma bouteille fût en ébullition
et eût atteint une température d'environ cent degrés. Tandis que la vapeur d'eau s'échappait par
les tubes coudés, je fixai à leur extrémité un de
ces appareils que les chimistes emploient pour recueillir l'acide carbonique. Celui de gauche était
rempli d'acide sulfurique ; il y avait dans l'autre
de la potasse caustique. Je plaçai mon appareil
ainsi monté devant ma fenêtre, où il fut exposé à
l'action de la lumière et de la chaleur solaires,
car j'opérais en été. Je plaçai à côté un vase ouvert qui contenait absolument les mêmes substances que celles que j'avais introduites dans le flacon, et que j'avais aussi soumises à l'ébullition.

Celui-ci contenait dès le lendemain des vibrions et des monades, j'y vis bientôt paraître de plus grands infusoires, des polygastres et plus tard des rotifères.

« Quant au vase fermé j'eus soin d'aspirer par un des côtés de l'appareil plusieurs fois par jour l'air qu'il contenait, établissant ainsi un courant qui obligeait l'air atmosphérique à y entrer en filtrant au travers de l'acide sulfurique. Cet acide n'altérait pas sa nature mais il détruisait nécessairement tout ce qui, dans l'air, avait vie ou germe de vie. Je continuai à renouveler l'air de mon flacon depuis le 28 mai au 1er août, et pendant cet intervalle assez considérable je ne pus apercevoir dans l'eau qu'il contenait aucune trace de vie animale ou végétale, pas même avec l'aide d'un bon microscope. Après avoir démonté l'appareil j'observai avec beaucoup de soin le liquide que j'en tirai. Je n'y vis aucun infusoire, aucune conferve, pas le moindre germe vivant ou non ; mais après quelques jours d'exposition à l'air libre les infusoires de toute espèce y pullulaient. »

Ces petits êtres microscopiques obéissent comme les autres animaux à des lois déterminées de distribution géographique. Chaque groupe, chaque espèce a des limites d'habitation bien tranchées. Ils ne dorment pas, du moins on ne les a jamais observés dans un état qui puisse proprement s'appeler le sommeil, et cependant plusieurs d'entre

eux sont susceptibles de vivre dans un état de torpeur complète, enfermés dans la terre desséchée
par l'ardeur du soleil, ou emprisonnés dans la
glace par un gel subit.

Le principe vital est même tellement robuste
dans ces chétives créatures, qu'il en est dont on
peut suspendre la vie et auxquels on peut la rendre autant de fois qu'on le trouve bon. On trouve
souvent dans les dépressions des gouttières de nos
toits de petits amas d'eau que la pluie laisse après
elle, et qui sont peuplés d'une multitude d'infusoires parmi lesquels on distingue le *Furculaire*. Son
corps est ovale et gélatineux ; on y distingue une
bouche, un estomac, un intestin. Il se termine par
une queue composée d'articulations qui rentrent
les unes dans les autres, et qui se terminent par
deux minces filets. Leur corps porte en avant un
singulier organe, lobé, à bords dentelés, lesquels
exécutent des vibrations rapides et multipliées qui
feraient croire que cet organe consiste en une ou
plusieurs roues dentées et tournantes. Deux proé-
minences placées sur le cou portent chacune un
point coloré qui est sans doute un œil.

Tirons de l'eau, avec précaution, un de ces animaux, et plaçons-le sur un morceau de papier à
lettre. A mesure que l'humidité s'évapore on le
voit mourir, car il se trouve privé du seul élément
dans lequel il puisse vivre. Bientôt son corps se
dessèche, se déforme et ne présente plus que l'as-

pect d'un petit morceau de bois sec et désorganisé n'ayant pas la moindre apparence d'animalité. Réduit à cet état, soit avec intention, soit par la sécheresse ordinaire de l'été, le furculaire, mêlé à la poussière des toits, subit toutes les révolutions de cette poussière, il est roulé avec elle par les vents, par le balai du couvreur; il disparaît.

Ployons le morceau de papier sur lequel nous avons déposé le nôtre, et serrons-le quelque part, dans un carton, dans notre secrétaire. Au bout de quinze jours, de deux ou trois mois, de deux ou trois ans même, nous le reprendrons et nous verrons ce qu'il est devenu. Nous le retrouverons dans le même état où nous l'avons laissé, et il faudra le toucher avec bien des précautions, car il est tellement sec que le moindre attouchement un peu rude le briserait. Essayez, vous le casserez aussi aisément qu'un brin de chaume.

Eh bien, ce cadavre, cette momie d'infusoire peut ressusciter !

Il n'y a qu'à l'exposer un instant à la vapeur de l'eau tiède. A mesure qu'il en sera pénétré, nous le verrons se ramollir et s'enfler comme une petite éponge. Si nous le mettons ensuite dans un verre d'eau, il se renflera tout à fait, et reprendra ses formes primitives, celles qu'il avait il y a trois ans. Déjà l'on distingue son corps ovale, sa queue articulée, son organe lobé. Une minute après, la queue commence à jouer en s'allongeant et se raccourcissant par intervalles. Les petites roues dentées commencent à tourner, et l'animal se réveille d'un long assoupissement. Il reprend son attitude de vie, il nage, lentement d'abord, puis avec vivacité ; enfin, plein de force et de santé, il se met à chercher avec empressement la nourriture dont il a besoin, car il a supporté un jeûne sévère. Laissons-le jouir un moment de la vie, nous pourrons après le faire descendre de nouveau dans la tombe pour l'en retirer toutes les fois, et autant de fois que cela nous amusera.

Ne craignons pas que la fréquence de ces expériences lui nuise en rien. C'est son sort ordinaire. Il passe sa vie à mourir et à revivre. Ces beaux jours de printemps et d'été qui raniment la nature et qui semblent redoubler la vie de tous les autres êtres, sont pour lui des jours de malheur et de mort. Mais lorsque la tempête se promène dans les airs, et que des torrents d'eau se précipitent sur la terre, il secoue la torpeur du tombeau, et vit jusqu'à ce qu'un soleil prolongé vienne le rejeter entre les bras de la mort. Pauvre furculaire ! quel sort ! et pourtant quel privilége ! L'homme, ce roi réel de la création actuelle, meurt et ne revit plus, pour ce monde du moins. Sa vie est une vapeur qui disparaît, elle est bornée à peu de jours, et quand il la perd, c'en est fait de lui jusqu'au temps fixé où la puissante voix du Christ le réveillera de la poussière. L'homme est-il deshérité ? En lui refusant la persistance de vie du furculaire, Dieu l'a-t-il moins bien traité que le misérable infusoire. Non. Quand l'infusoire périt, c'est pour l'éternité, tandis que l'homme, quand il revit, revit pour une éternité aussi, et pour quelle gloire! « Heureux qui meurt au Seigneur, dit le Saint-Esprit. » Heureux qui meurt ayant la vie en soi-même, c'est-à-dire ayant Christ en soi-même; non-seulement il ne meurt pas pour toujours, mais selon l'expression hardie et pourtant véridique de l'Écriture « encore qu'il soit mort il vit », parce que celui à qui il est uni ne peut plus mourir.

On a trouvé récemment dans une prairie, près de l'usine de Schwarzenberg, dans l'Erzgebirge, une production végétale qui a l'apparence trompeuse d'un morceau de peau blanche. C'était le résidu d'une substance verte qui recouvrait la surface des eaux stagnantes, et qui était restée à sec, sur le gazon, à mesure que l'eau se retirait sous l'action lente et vaporisante du soleil de l'été. En séchant, cette substance devient incolore, et l'on peut la recueillir par morceaux assez considérables. La surface extérieure de ce feutre naturel ressemble à de la peau de gant; elle est luisante, douce au toucher, elle a à peu près la roideur du papier ordinaire. Le côté qui est en contact avec la terre est vert, et l'on peut y distinguer de petites feuilles dont l'agglomération a formé la pellicule végétale. Le patient Ehrenberg a soumis cette production à l'examen microscopique, et il l'a trouvée composée de conferves, dont l'entassement produit ce drap naturel que le soleil blanchit dans sa partie supérieure, et qui renferme, dans sa texture, quelques feuilles d'arbres entraînées par le vent, et quelques tiges de gazon. Parmi ces conferves il distingua seize espèces d'infusoires, dont quelques-uns étaient munis d'enveloppes membraneuses. Le même naturaliste présenta à l'Académie de Berlin un échantillon d'un pied et demi carré d'une espèce de flanelle, composée aussi de conferves et d'infusoires, recueillie près de Sabor, en Sibérie, où on en avait trouvé un morceau qui couvrait plusieurs centaines de pieds carrés. Cette substance était analogue à celle que nous venons de décrire, elle était principalement formée de conferves des ruisseaux (*Conferva rivularis*), entremêlée de quinze espèces d'infusoires.

Le 31 janvier 1687, il tomba près de Rauden, en Courlande, pendant la durée d'un violent orage, une grande masse d'une substance noire qui ressemblait à du papier. Elle fut décrite et dessinée l'année suivante, puis on l'oublia. Un savant en a fait récemment l'analyse chimique, et il en a parlé comme d'une masse météorique qu'il supposait être tombée de l'atmosphère. Berzélius reprit plus tard l'examen de cette substance, et ne put point y découvrir le nickel qu'elle aurait dû contenir si elle avait été réellement d'une nature météorique. Ehrenberg en fit plus tard encore l'objet de ses observations microscopiques. L'échantillon sur lequel il travailla venait du musée de Berlin, et il le trouva composé d'une masse compacte de conferves auxquelles se trouvaient mêlées vingt-neuf espèces d'infusoires très-bien conservés, et dont trois seulement ne sont pas mentionnées dans le grand ouvrage que ce savant observateur a publié sur ces animaux. Depuis cette époque on les a retrouvés vivants dans les environs de Berlin. Parmi ces vingt-neuf espèces il n'y en avait que huit qui eussent des enveloppes siliceuses, les autres étaient tendres et membraneuses, ce qui ne les avait pas

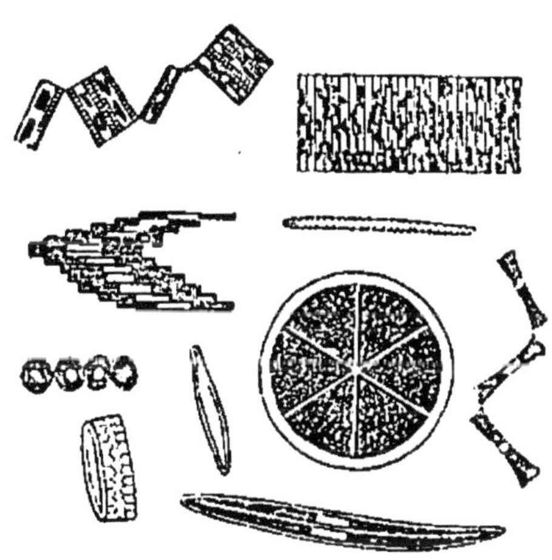

ANIMALCULES FOSSILES.

empêché de se conserver intactes pendant cent soixante-cinq ans. Nous disions, en parlant du furculaire des toits, qu'on pouvait le conserver sec pendant deux ou trois ans sans le faire périr, nous étions au-dessous de la vérité. Il est vrai qu'Ehrenberg ne nous dit pas qu'il ait ressuscité aucun de ses infusoires centenaires. Peut-être ne l'a-t-il pas essayé.

Si l'on nous demandait comment cette masse végétale est venue par la voie des airs s'abattre en Courlande, nous répondrions qu'il est probable qu'elle avait été enlevée par l'orage de la surface d'un marais quelconque qui pourrait bien être situé dans la Courlande même, mais qui probablement était plus loin, dans la Russie orientale peut-être.

On trouve en Suède, près d'Urnea, sur les bords d'un lac, une grande quantité d'une substance fine semblable à de la farine. Les habitants du pays l'appellent, à cause de cette analogie, farine de montagne (Borgmehl). Elle est nutritive, et les pauvres gens la mélangent avec la farine ordinaire. Cette poussière, examinée au microscope, est formée uniquement des enveloppes coquillières de certains animalcules polygastres. A mesure que ces animaux périssent, leur enveloppe tombe au fond des eaux et s'y accumule d'âge en âge. Elle forme, avec le temps, une couche épaisse qui sèche sur les bords à mesure que les eaux se déplacent, et qui prend en séchant l'apparence qui lui a valu son nom. Cette poussière est donc un vaste ossuaire d'animaux microscopiques qui, malgré leur exiguité individuelle, finissent par faire par leur nombre prodigieux un amas, et qui plus est, une ressource.

Ce n'est pas là du reste le seul résultat extraor-

dinaire que produise la rapide propagation des infusoires. Un seul individu peut produire, en quatre jours, cent quarante millions de millions d'individus de son espèce, dont les dépouilles suffiront
pour former deux pieds cubes de roc, car le roc
siliceux est composé des squelettes d'infusoires
polygastres. La poudre à polir ou tripoli de Bilin,
dont on fait un usage si fréquent dans les arts,
est aussi composée d'animalcules microscopiques,
dont la dimension est de $\frac{1}{288}$ de ligne, ce qui
équivaut à $\frac{1}{6}$ de l'épaisseur d'un cheveu d'homme
que l'on estime avoir $\frac{1}{48}$ de ligne. Les globules
du sang de l'homme qui ont $\frac{1}{300}$ de ligne ne sont
donc pas beaucoup plus petits qu'un de ces infusoires, et ceux du sang de la grenouille sont deux
fois plus larges qu'eux. Le tripoli étant une substance sans cavité et très-serrée, renferme dans
une ligne cube environ 23,000,000 d'infusoires,
ce qui fait 41,000,000,000 dans le pouce cube.
Un pouce cube de tripoli pèse à peu près 220 grains ;
il y a donc 187,000,000 d'infusoires dans un grain
pesant ce qui revient à dire que le poids de l'enveloppe siliceuse de chacun de ces animalcules est
de $\frac{1}{187\,000\,000}$ de grain, quantité impondérable et à
cause de cela inappréciable pour notre intelligence
qui ne peut comprendre, soit en grandeur, soit
en petitesse, que ce qu'elle peut peser, doser,
compter, voir ou mesurer d'une façon quelconque
et avec n'importe quel instrument.

La terre calcaire blanche si commune au fond

des marais; la mine de fer, dite limoneuse; ces immenses lits de craie qui ont plusieurs milles d'étendue et jusqu'à cent pieds de puissance; beaucoup d'autres rocs que nous employons dans la construction de nos monuments, sont composés des enveloppes calcaires, siliceuses, ou ferrugineuses d'imperceptibles infusoires. Leurs milliards accumulés à force de pulluler dans les eaux douces ou salées, qu'ils dépouillent de la chaux qu'elles contiennent en suspension pour en former leur propre demeure, finissent par créer, avec le temps, des agrégations si colossales que les pyramides d'Egypte sont insignifiantes à côté. C'est ainsi que dans le monde matériel, comme dans la sphère des choses spirituelles, Dieu se sert des choses faibles et méprisables pour accomplir de grands résultats. A ce point de vue rien n'est petit entre ses mains; rien n'est indigne de ses soins. Un infusoire sert à sa louange aussi bien qu'un monde, qu'un soleil, que tout un système. Nos idées de petitesse et de grandeur sont souvent erronées; Dieu juge bien autrement que nous, et souvent ce qui est grand à nos yeux n'est qu'une vanité devant Lui. C'est ce qu'a fort bien exprimé un poëte célèbre dans l'apologue suivant :

L'aigle de la montagne un jour dit au soleil :
Pourquoi luire plus bas que ce sommet vermeil ?
A quoi sert d'éclairer ces prés, ces gorges sombres,
De sâlir tes rayons sur l'herbe, dans ces ombres,
La mousse imperceptible est indigne de toi !

Oiseau, dit le soleil, viens et monte avec moi.
L'aigle avec le rayon s'élevant dans la nue
Vit la montagne fondre et baisser à sa vue,
Et quand il eut atteint son horizon nouveau
A son œil confondu tout parut de niveau,
Eh bien! dit le soleil, tu vois oiseau superbe,
Si pour moi la montagne est plus haute que l'herbe,
Rien n'est grand ni petit devant mes yeux géants,
La goutte d'eau me peint comme les océans.
De tout ce qui respire je suis l'âme et la vie
Comme le cèdre altier l'herbe me glorifie;
J'y chauffe la fourmi, des nuits j'y bois les pleurs,
Mon rayon s'y parfume en traînant sur les fleurs,
Et c'est ainsi que Dieu qui seul est sa mesure,
D'un œil pour tous égal voit toute la nature.
Bénissons, chers lecteurs, si notre cœur comprend
Cet œil qui voit l'insecte, et pour qui tout est grand.

CHAPITRE X.

Nous espérons que le lecteur qui nous a suivi jusqu'ici, aura reçu de tout ce qui précède une impression qui lui fera envisager sous un aspect bien différent cette création de Dieu où se déploie, sans limite, la vie et ses innombrables manifestations. Nous avons raconté les merveilles contenues dans une goutte d'eau ; nous l'avons montrée peuplée de myriades d'êtres pour qui elle est un Océan où ils jouent à leur aise, où ils trouvent et saisissent d'autres êtres plus petits qu'eux-mêmes dont ils font leur proie, comme ceux-ci à leur tour, vivent aux dépens d'atômes animés qui échappent à nos microscopes les plus puissants. Nous avons donc montré que les bornes de la création s'étendent beaucoup, oui très au delà de ce que l'œil nu peut en saisir, et quoique nous ayons reculé la limite de ce qui se peut connaître des œuvres de Dieu, nous ne sommes point arrivé à l'extrême limite et peut-être n'y arrivera-t-on jamais. Ce n'est pas l'eau seulement qui est peuplée, chaque parcelle de mousse

20

chaque feuille, chaque fleur a sa colonie, et les sucs même des plantes, les fluides circulatoires des animaux en charrient bien souvent avec eux.

Chaque. être est exactement adapté à la place où Dieu l'a mis, sa conformation organique est préparée tout exprès pour y vivre ; l'intention qui les créa l'un pour l'autre est très-évidente. Mais il en est d'autres que l'on rencontre dans des circonstances et dans des lieux si singulièrement choisis, leur présence y est tellement inattendue, que plus on y réfléchit, plus le mystère de leur existence semble impénétrable. On ne peut qu'admirer, et conjecturer. Comment sont-ils là, d'où viennent-ils ? qui les a transportés ? Questions sans réponses, mais bonnes pourtant pour nous faire sentir notre ignorance et la vérité de cette parole, c'est qu'il suffit de la rencontre d'un vermisseau pour consumer toute l'excellence de l'homme. C'est en effet des animalcules parasites dont quelques-uns habitent le corps humain et déterminent quelquefois la mort, que nous avons à nous occuper maintenant.

On n'a pu les découvrir ni dans l'air, ni dans l'eau, ni dans les herbes, ni sur les plantes, ni sur la terre ; leur demeure semble exclusivement fixée dans des endroits où il. paraît presque impossible de dire comment ils ont pu y être déposés ; c'est là qu'on les trouve et nulle part ailleurs.

Les *Parasites*, car tel est le nom que l'on donne à ces êtres extraordinaires, habitent les corps vivants des autres animaux aux dépens desquels ils se nourrissent. Les uns abondent dans les liquides du système, d'autres occupent le canal alimentaire, d'autres enfin se logent dans le foie et dans la cervelle. Les savants ont donné à ces animaux le nom générique d'*Entozoa* *, pour désigner une des circonstances de leur existence, qui leur est commune, car ils n'appartiennent pas tous à la même division du règne animal. Les uns, en effet, font partie d'un groupe ** dans lequel on n'a découvert aucun filament nerveux, tandis que d'autres ont une organisation plus parfaite.

Le parasite appelé *Trichina spiralis*, n'existe que dans la partie musculaire du corps humain, et celui que l'on a nommé *Languette* (linguatŭla), à cause de sa ressemblance avec une langue de bœuf, habite les cavités frontales ou les *Sinus frontaux* des quadrupèdes. Certains hydatides se trouvent dans la cervelle; d'autres habitent le foie, les tissus cellulaires-du corps, la cavité abdominale; on en trouve même jusque dans les yeux.

La cervelle des moutons est fréquemment atta-

* Ce mot *Entozoa* ou *Entozoaires* est formé de deux mots grecs, dont l'un signifie *au dedans*, et l'autre signifie : *animal*. Il peint donc rapidement l'idée d'*animaux vivants au dedans de nous* ou *au dedans d'autres animaux*. Le mot parasite, signifie simplement qu'ils vivent à nos dépens, mais il ne dit pas si c'est sur notre personne, comme la puce, ou dans notre propre corps comme les helminthes.

** Acrita.

quée par une espèce d'hydatide * qui y produit
les plus grands ravages. Comment ce parasite a-t-
il pu pénétrer là? Et une fois là, comment fait-il
passer sa postérité dans la cervelle des autres
moutons qui n'en sont pas infestés.
Tout mouton attaqué par ce parasite
périt inévitablement et le parasite périt sans doute avec lui. Il semblerait
donc que la mort de chaque bête atta-
taquée, dût entraîner la destruction
de la race des hydatides, mais les ravages qu'ils font dans les bergeries
prouve bien qu'il n'en est pas ainsi.
Sur mille moutons il en meurt quinze
de cette maladie pendant la première
année de leur vie ; cinq seulement
pendant la seconde, deux pendant
la troisième, un pendant la quatriè-
me, et ce fait se reproduit de génération en génération, et toujours le

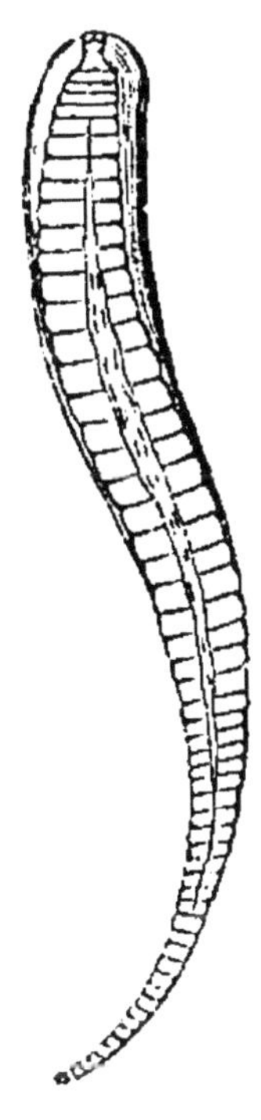

LINGUATULA.

même. On calcule que la France perd
annuellement à peu près un million de moutons
par les attaques de cet ennemi de leur race.

On a imaginé plusieurs théories pour expliquer
l'origine des entozoa et pour se rendre compte de
leur présence inattendue dans les organes vivants.

Quelques auteurs (et il y avait parmi eux des
hommes de mérite), ressuscitant la vieille et absurde fable du berger Aristée si longuement chan-

* Cœnurus cerebralis.

tée par Virgile *, ont imaginé, pour se tirer d'affaire, une *génération* qu'ils appellent *équivoque* ou *spontanée*, ce qui veut dire, en d'autres termes, que la vie pourrait être, dans de certains cas, le résultat de certaines combinaisons de la matière. Les anciens étaient tombés dans cette erreur matérialiste. Ils croyaient, ils enseignaient que le limon du Nil, par exemple, pouvait, sous l'influence des rayons du soleil, et sans avoir reçu auparavant des œufs ou des larves en dépôt, produire à lui tout seul des insectes et des reptiles. Virgile, dans ses Géorgiques, donne sérieusement la recette pour produire à volonté des essaims d'abeilles, sans abeilles.

> .... Le sang, par sa chaleur féconde,
> Dans le flanc des taureaux forme un nombreux essaim ;
> Des peuples bourdonnants s'échappent de leur sein,
> Comme un nuage épais dans les airs se répandent
> Et sur l'arbre voisin en grappes se suspendent.

Avoir recours à de pareilles théories pour expliquer un fait inexplicable ce n'est pas dénouer le

---

* Géorgiques, livre IV, vers la fin. Il ne faudrait pas conclure du sérieux de Virgile que ce grand poëte crut personnellement à la fable qu'il racontait. Cette fable était liée aux cérémonies religieuses et à l'espèce de culte qu'on rendait à Orphée ; la religion l'avait introduite dans la physique, mais les hommes de sens examinaient l'une et l'autre et n'admettaient pas tout ce que prônait la superstition de leur temps. Il est probable que Virgile croyait à sa recette comme Cicéron aux augures.

nœud Gordien, c'est le trancher ; c'est un procédé indigne de la science, une tache sur le livre du vrai. Quand les anciens tombaient dans de si lourdes erreurs, ils avaient du moins pour excuse l'état d'enfance des sciences physiques et l'absence de toute révélation religieuse. Mais reproduire aujourd'hui, et au milieu des progrès accomplis, les vieilles superstitions de l'ignorance c'est manquer de lumière et de foi ; ce n'est digne ni d'un savant, ni d'un philosophe, ni d'un chrétien.

Cette idée de la génération spontanée, ou dynamique est très-commode pour se tirer d'une foule de difficultés, mais outre qu'elle n'explique rien elle entraîne avec elle des conséquences qu'il n'est pas inutile d'indiquer. Elle suppose que la matière inerte est capable de se donner à elle-même la vie ou de devenir forcément vivante dans de certaines circonstances. Il n'est plus absolument vrai que la *source* de la vie est avec l'Éternel, comme le dit l'Écriture [*] ; que c'est Lui qui *donne la vie à toutes choses* [**] ; la matière possède une portion de cette puissance créatrice, et à ce point de vue elle est donc Dieu !

Et non-seulement le système de la génération spontanée accorde à la matière la puissance de se vivifier, mais elle lui concède l'intelligence nécessaire pour le faire en vue d'une certaine figure et par la formation de certains organes ap-

---

[*] Ps. xxxvi, 10.
[**] 1 Tim. vi, 13.

propriés à un but déterminé. « De tels êtres, dit avec beaucoup de raison le docteur Drummond, sont donc les inventeurs de leur invention. Que l'on applique cette théorie à un fungus, à un animalcule ou à un entozoaire, c'est, ajoute le même auteur, parler avec une entière ignorance. Quoi! parce que nous ne pouvons pas expliquer comment se forment les nombreux animaux qui apparaissent sur les matières végétales ou animales en décomposition, ni comment un entozoaire pénètre, vit et se propage dans les intestins ou la cervelle d'un animal, nous allons nous jeter dans les erreurs des anciens, plutôt que de convenir tout modestement de notre ignorance et de l'imperfection de notre science. Or parmi ces animaux obscurs il y en a dont l'organisation est si parfaite, qu'il me semblerait presque aussi contraire à la raison et au bon sens d'attribuer à la génération dynamique l'organisation d'un éléphant, et je dirais presque celle de l'homme, que la leur. »

Il est clair que la chose créée ne peut pas être son propre créateur. Ce qui n'existe pas, ne peut arriver à l'existence que par la volonté d'un pouvoir préexistant. La vie et la continuation des espèces sont régies par des lois fixes et antérieurement préparées. On peut affirmer que dans l'état actuel de notre globe il n'existe rien de vivant qui n'ait été engendré. Le premier individu de chaque espèce n'a point dû sa vie à une création spontanée, accidentelle ou dynamique, mais à un acte spécial de la volonté du Dieu qui a créé les cieux, la terre, la mer, et tout ce qui est en eux. Sa sagesse, sa bonté, sa haute intelligence, ne sont-elles pas visibles dans la structure, dans les instincts de chaque être organisé, que ce soit un homme ou un polype, un cèdre ou un lichen.

Nous demandons pardon à nos lecteurs d'insister si longtemps et si fortement sur ce point particulier, nous avons cru que cela en valait la peine, car nous avions à redresser non-seulement une erreur scientifique, mais à prémunir contre une erreur de foi, ce qui est bien plus grave. Et maintenant que nous avons signalé cette nouvelle preuve de la folie du cœur de l'homme, qui revient à dire qu'il n'y a point de Dieu, passons à l'examen de ces étranges *Entozoa*, et cherchons non pas comment ils sont, mais comment ils ont pu parvenir dans les diverses parties du corps où on les rencontre.

Prenons pour exemple l'*Hydatide cérébrale*. Elle ressemble à un sac globulaire membraneux, que pour abréger nous appellerons *Cyste*, mot grec qui signifie *vessie*. Ce cyste est rempli d'un fluide gélatineux, et il varie de dimension depuis la grosseur d'un pois jusqu'à celle d'un œuf de poule. La membrane qui le compose est transparente, fine, délicate, elle consiste pourtant en deux ou trois couches superposées, dont l'une au moins paraît être musculaire. Avec l'aide d'un puissant microscope on distingue dans sa structure des fibres qui s'entrelacent régulièrement. L'hydatide mise en contact avec de l'eau chaude ou avec un stimulant, présente des mouvements, vibratoires ou contractiles parfaitement perceptibles. Ce cyste membra-

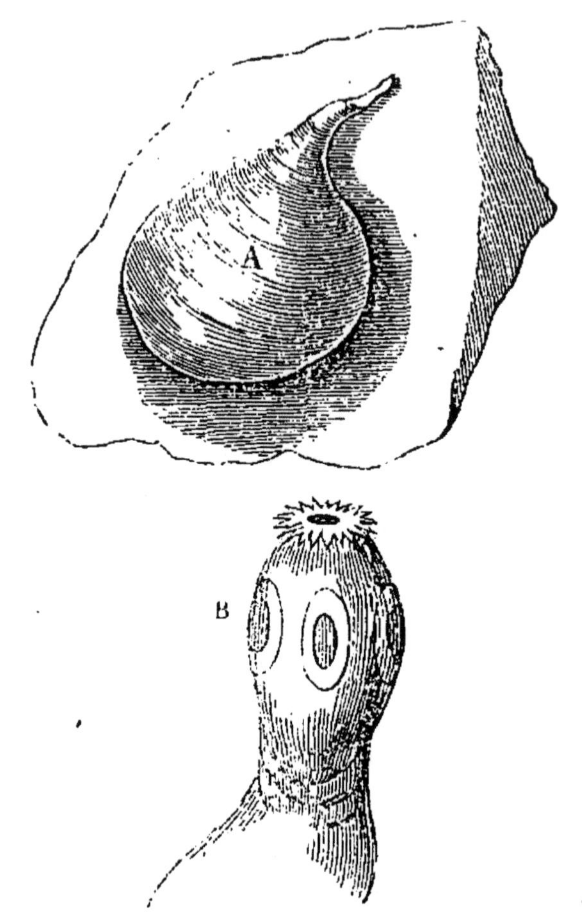

A. HYDATIDE COMMUNE. *   B. SA TÊTE GROSSIE.

neux peut donc être regardé comme le corps de l'animal. Il est assez irrégulièrement pourvu de têtes nombreuses, ou plutôt de bouches légèrement élevées, et munies chacune d'un rebord

* Ou cisticerque à cou mince. (Cisticurcus tenui collis).

armé de petits bras garnis de suçoirs, destinés à
faire adhérer les diverses bouches aux tissus dont
elles tirent leur nourriture.

Le dessin ci-dessous représente l'*Hydatide cérébrale*. Elle est représentée de grandeur naturelle
en A, et sa tête, fortement grossie, montre en B

A. HYDATIDE CÉRÉBRALE.   B. UNE DES TÊTES GROSSIES.

les détails d'organisation que nous venons d'indiquer. L'*Hydatide commune*, que l'on trouve dans
le foie, dans la cavité abdominale, et dans les tissus cellulaires des animaux, possède des caractères généraux qui la rapprochent de la précédente,
mais elle n'a qu'une seule tête. Son cyste, terminé

en forme de cou semblable à celui d'un flacon florentin, aboutit à une tête armée de suçoirs et d'un orifice ovale entouré de bras.

La reproduction de ces curieux animaux se fait probablement au moyen de bourgeons ou gemmules internes, qui croissent sur les parois membraneuses du cyste. Quand elles ont atteint une certaine dimension elles se détachent, et l'on peut, avec l'aide d'une loupe, les voir flotter dans le liquide gélatineux qui remplit le sac.

D'après les observations de M. Youatt, qui a particulièrement étudié l'hydatide cérébrale, il paraît que, lorsque le fluide contenu dans le cyste est limpide, la membrane intérieure, considérée à la loupe, semble couverte de petits corps granuleux, disposés en lignes régulières, et adhérents entre eux au moyen de particules membraneuses. M. Youatt pense que ces petits corps sont des œufs. Le liquide lui-même n'en contient pas tant qu'il est limpide, mais dès qu'il se trouble on le trouve rempli de particules fibreuses, qui sont tout autant de vers entremêlés avec des œufs très-petits. Enfin, quand le liquide devient opaque, non-seulement il fourmille de vers, mais tous les œufs ou granules ont disparu.

Ces vers ont environ une ligne de longueur. Leur tête a la forme d'un tétragone (figure à quatre côtés), muni à son sommet d'un cercle de rayons et d'une bouche sur chacune de ses faces. Leur cou est court, et leur corps est couvert d'anneaux ou de replis. Ils paraissent doués de beaucoup de vie, ils nagent avec une grande vitesse, et possèdent la propriété particulière de sortir et de rentrer à volonté dans le cyste maternel. En exerçant une légère pression sur une hydatide détachée de la cervelle d'un animal, on peut en faire sortir, par ses nombreuses têtes, des centaines de vers. Dans d'autres moments on les voit venir d'eux-mêmes, et en nombre, jusqu'à l'entrée des ouvertures ovales.

Un fait curieux qu'il est bon de noter ici, c'est que l'on rencontre souvent des hydatides remplies d'une multitude d'autres hydatides plus petites, mais parfaitement formées. M. Youatt a vu une hydatide de la grosseur d'un œuf d'oie, que l'on avait trouvée dans l'abdomen d'un singe, renfermer plus de 10,000 cystes, très-petits il est vrai, mais parfaitement formés.

Voilà des faits, reste maintenant à savoir si c'est des innombrables granules qui tapissent la membrane intérieure que naissent les vers qu'on observe plus tard; si ces vers sont des hydatides à l'état de larves, ou si ce sont des animaux d'une autre espèce, et peut-être les parasites d'un parasite. Nous ne pouvons répondre à ces questions d'une manière positive. Elles renferment des difficultés que les naturalistes futurs éclairciront sans doute, mais il semble dès à présent probable que la présence constante de ces vers dans le liquide trouble, la disparition graduelle des granules à mesure que les vers se multiplient, et la dispari-

tion des vers eux-mêmes quand les petites hydatides se forment, indique que les vers sortent des
granules, et que les petites hydatides sont des
vers transformés.

Voyons maintenant si, sans avoir recours à la
supposition absurde d'une génération spontanée,
on peut se rendre raisonnablement compte de la
présence des hydatides dans la cervelle du mouton, du bœuf, ou dans tout autre partie de l'animal.

Supposons qu'un animal infesté de ce parasite
meurt à la suite des ravages qu'il occasionne dans
sa cervelle. L'hydatide périra aussi avec sa victime,
mais les œufs ou granulés qu'elle peut contenir
peuvent fort bien ne point être détruits par le fait
de la mort de leur mère. Il n'est point du tout té-
méraire de supposer, au contraire, que les œufs
d'un animal, placé si bas dans l'échelle des êtres
et qui est même, organiquement parlant, inférieur
aux plantes, animal dépourvu non-seulement d'un
système nerveux perceptible, mais aussi de vaisseaux circulatoires, puisse émettre des œufs microscopiques dont la vitalité survive pendant bien
longtemps au cyste mère qui les a engendrés. La
semence des plantes conserve bien la sienne pendant plusieurs siècles. N'a-t-on pas vu du blé, enfermé il y a un ou deux mille ans dans des sarco-
phages égyptiens, germer et produire son fruit,
comme s'il n'eût été que de l'année précédente? Il
peut en être de même des œufs d'un *Entozoa*. Après

la mort de l'animal mère ils peuvent se trouver mé-
langés avec la terre, saisis par le vent, transportés
par l'évaporation solaire jusque dans les nuages,
précipités par la pluie, absorbés par les plantes,
introduits dans leurs vaisseaux par la sève, puis
avalés avec la plante elle-même, par un herbivore
déjà faible ou maladif, car ce n'est que dans des
animaux de cette espèce que l'hydatide se développe.

L'œuf microscopique après avoir échappé à la
mastication, à la digestion, sera porté par les vaisseaux sanguins jusqu'aux extrémités du corps, car
sa petitesse le rend capable de traverser les tubes
capillaires les plus petits. S'il atteint ainsi un endroit du corps favorable à son développement, il
s'y fixe, et bientôt, par son accroissement même,
il fait périr l'animal aux dépens duquel il vit, et
lui-même avec lui.

Cette explication n'a rien de forcé, elle est con-
forme à d'autres faits parfaitement certains, et à
celui-ci entre autres, qu'il ne faut pas perdre de
vue, c'est que les animaux ne ressemblent pas au
fer, ils ne sont pas solides, leur corps est au contraire poreux, composé de faisceaux de tubes per-
méables à l'air, et capables d'aspirer et d'expirer
par toute leur surface les substances avec lesquelles ils vivent en contact.

On peut objecter, il est vrai, que si telle était la
marche de propagation des hydatides, elles de-
vraient se rencontrer aussi dans les corps bien

portants. Elles ne s'y rencontrent pourtant pas. Est-ce parce que dans l'état de santé la circulation vigoureuse du fluide, le changement rapide des parties constituantes, l'oxydation plus parfaite du sang, l'action plus mordante du suc gastrique, de la bile et en général des fluides qui aident à la digestion, empêchent le développement des œufs ingérés? Nous ne savons. Mais il est certain que c'est dans les sujets, où toutes ces fonctions languissent, où le système nerveux manque de ton, que le parasite dont nous parlons se trouve et se développe de préférence.

Que deviennent, demandera-t-on encore, les myriades d'œufs qui ne rencontrent jamais les circonstances favorables à leur éclosion? Périssent-ils? S'ils périssent, à quoi bon cette exubérante fécondité? D'où vient que la vie soit pour ainsi dire prodiguée à des êtres si bas placés dans l'échelle animale, d'où vient encore qu'ils échappent à cette loi qui semble pourtant universelle, que le rapport numérique entre la production et la destruction d'une espèce est dans une proportion à peu près constante?

Chacune de ces questions demanderait une réponse particulière que ne comporte pas la dimension de ce volume, nous répondrons donc, en général, qu'il pourrait en être ainsi, parce que tel serait le bon plaisir de Dieu. Nous ne nions pas les lois qui règlent la création, mais il n'y en a pas une qui n'ait des exceptions. Dans le monde phy-

sique, comme dans le monde moral, Dieu est au-
dessus de la règle, ou plutôt Dieu seul est la règle,
la loi de toutes choses. Puis savons-nous à combien de causes de destruction les œufs granulaires
de l'entozoa sont exposés? Nous voyons d'ailleurs,
dans les plantes, une multitude de faits analogues.
Le chardon, avant de périr, disperse au loin et
confie à toutes les brises ses innombrables semences; mais combien n'en périt-il pas pour une seule
qui germe? Les oiseaux, les insectes, en dévorent
une grande quantité. Une quantité plus considérable encore ne parvient pas à se fixer, mais leur
abondance prévient la destruction de l'espèce.

Il pourrait d'ailleurs arriver que lorsque l'œuf de
l'hydatide ne trouve pas à se développer dans le
corps d'un animal, il le fît ailleurs et dans d'autres
circonstances qui modifiassent assez son apparence
pour nous empêcher de la reconnaître sous cette
transformation. Il peut très-bien se faire que son
accroissement et les caractères qui en font une hydatide dépendent entièrement de la nourriture ani-
malisée qu'il lui est permis d'absorber, et que si
l'œuf, au lieu d'être introduit dans le corps d'un
mouton, est précipité dans l'eau il y devienne un
de ces animaux étranges dont on sait encore si
peu de chose.

Nous ne disons pas que cela soit ainsi, nous ex-
primons seulement une possibilité, une probabi-
lité. Rappelons-nous ensuite que plus on connaît
avec exactitude les ordres inférieurs de la création

animale, plus aussi on demeure convaincu qu'ils ne sont pas soumis aux mêmes lois qui régissent les animaux vertébrés, les mammifères, les reptiles, les oiseaux ou les poissons. Le plan d'après lequel l'Éternel notre Dieu a créé toutes choses, est certainement un plan parfait. Nous en jugerons ainsi quand nous le connaîtrons dans toutes ses parties. Si notre science était moins fautive, et nos cœurs plus humbles, nous soupçonnerions notre ignorance plutôt que nous ne douterions de la sagesse de Dieu. Que l'esprit philosophique ne s'effraie donc pas des difficultés, des obscurités qui nous entourent encore. Il y a réellement des solutions de continuité dans la chaîne des causes et des effets; les anneaux qui manquent pour la rétablir existent, mais nous ne les avons pas encore découverts ou peut-être reconnus. Ce progrès se fera un jour ou l'autre, et sans qu'il soit besoin de recourir pour cela à des théories voisines de l'absurde et de l'impiété. L'attention et l'observation intelligente suffiront.

On a demandé de quelle utilité pouvaient être les hydatides dans leur étrange demeure. Nous ne pouvons le dire, et nous sommes dans la même ignorance quant à l'existence d'une foule d'autres animalcules que l'on trouve par millions dans les eaux. De quelle utilité est la multitude d'êtres vivants que renferme la profondeur des mers? Ils existent; ils ont été créés par la sagesse divine; ils concourent à leur manière à la gloire du

Créateur; cela ne devrait-il pas nous suffire? Qui sommes-nous, avec un esprit nécessairement limité, pour juger l'œuvre d'une science et d'une puissance si illimitées! *O Dieu!* disait un homme à qui la contemplation des merveilles de la création n'était pas étrangère, *tu as fait les cieux et la terre par ta toute-puissance, par ton bras étendu, rien ne te sera difficile,* ainsi parle la foi. Elle se tient bien loin des téméraires folies d'une science qui nie, d'une manière couverte il est vrai, la nécessité d'un Créateur par qui toutes choses subsistent, et sans qui, rien de ce qui subsiste n'a été créé.

Nous avons eu à cœur dans les pages qui précèdent de montrer, de faire admirer le pouvoir de Dieu dans les petites choses; c'était pour cela, avons-nous dit en commençant, que nous prenions la plume. Nous avons attaqué la théorie de la génération spontanée, parce qu'elle nie virtuellement le Créateur, disons maintenant un mot d'une erreur à peu près semblable qu'on a essayé de rajeunir dans un ouvrage récent et qui a eu anciennement une grande vogue.

Voici en quels termes on la formule :

« L'idée que l'on peut se faire du progrès de la vie organique sur notre terre, c'est que le type primitif et le plus simple a donné naissance à l'espèce supérieure la plus rapprochée de lui et d'après une loi qui régit tous les produits d'une même nature. Ce second être, engendré par le type primitif, a produit à son tour un individu supérieur mais fort rapproché de lui-même. La même progression s'est poursuivie jusqu'à l'individu le plus parfait de chaque race, en franchissant des degrés ascendants très-petits qui conservaient aux phénomènes de la perfectibilité un caractère simple et limité. »

C'est-à-dire que la première forme créée fut une monade, puisque c'est la plus rudimentaire de toutes celles qui possèdent la vie animale ; cette monade a donné naissance à l'animal le plus voisin d'elle-même, et de progrès en progrès l'animalcule est devenu mollusque, le mollusque singe, et le singe homme.

Alors, demanderons-nous, pourquoi cette loi de progression s'est-elle arrêtée à l'homme? Qui l'a annulée? car elle est certainement annulée. Dans l'état actuel de la création, chaque être, chaque plante produit toujours et perpétuellement un germe parfaitement identique à soi-même. Aucune espèce ne dépasse la limite qui la sépare d'une autre espèce. Elle va jusque-là et pas plus loin. Les observations de chaque jour, celles de plusieurs siècles, confirment cette règle qui est sans exception.

Le docteur Mantell, un des observateurs les plus intelligents et les plus persévérants de la nature, a refuté avec science et bon-sens l'erreur contenue dans la supposition exprimée plus haut :

« Il est maintenant reçu, dit-il, comme un axiome physiologique que les cellules sont la base élémentaire, la limite inférieure de toute structure animale ou végétale, et que les fonctions variées dont se compose la vie organique s'exécutent par l'action de cellules qui ne se distinguent les unes des autres par aucun caractère bien tranché. Mais quoique ces faits soient vrais, incontestables, il n'existe aucune raison solide pour supposer que les cellules des plus simples espèces d'animaux ou de végétaux soient identiques entre elles; encore bien moins celles d'une organisation plus compliquée. »

La cellule vivante d'une monade ou d'un fungus est gouvernée par des lois aussi immuables que celles de la machine si compliquée de l'homme et des autres vertébrés, et il n'y a pas plus de rapport entre la cellule simple de l'embryon d'un mammifère et celle qui est la forme permanente d'une monade, qu'entre ces animaux quand ils sont parvenus à l'état parfait. La cellule, germe de chaque organisme, est douée de propriétés particulières qui ne lui permettent pas de produire autre chose qu'un organisme de même espèce. Il ne faut pas confondre (c'est l'erreur dans laquelle est tombé l'ouvrage que nous réfutons) * l'*analogie* et l'*identité*. Il y a analogie entre l'embryon humain et la monade du volvoce, car ils sont tous deux formés de cellules simples; mais

* Il est intitulé : Vestiges de l'histoire naturelle de la création.

il n'y a pas plus d'identité entre la cellule humaine et celle de l'animalcule qu'entre l'homme fait et un polygastre.

L'invention des degrés ascendants très-petits est aussi fausse que tout le reste, et cependant c'est elle qui donne à la théorie des transformations progressives sa seule apparence de possibilité. Il est évident en effet que la différence d'organisation qui existe entre les reptiles et les oiseaux n'est pas une affaire de variété, c'est une différence de tout au tout, et quel que soit le nombre des changements que vous supposiez que subisse un serpent, jamais il ne passera dans la classe des oiseaux que par une métamorphose, c'est-à-dire par une création. La différence est trop énorme.

D'où vient cette répugnance à admettre simplement ce qu'enseigne l'Écriture, que *tout a été fait par la parole de Dieu et que rien n'a été fait sans elle ?* Pourquoi chercher à esquiver ce *tout* et ce *rien ?* Pourquoi ? par le même esprit qui nous porte à dire, quand nous rencontrons Dieu dans une autre sphère : *Je ne veux pas que celui-ci règne sur moi.* Il y a au fond des deux erreurs scientifiques que nous avons relevées, orgueil et révolte, et c'est pourquoi nous nous sommes un peu attardés en les discutant. Reprenons maintenant notre sujet.

CHAPITRE XI

LES ORTIES DE MER.

Les naturalistes placent à côté des animaux que nous venons d'examiner, les *Acaléphes* ou *Orties de mer*, parmi lesquels se trouve la *Méduse*, poisson gélatineux, qui se rencontre souvent sur le bord de la mer. Les unes, telles que celle que représente la gravure ci-contre, sont garnies de longs filaments, il en est d'autres qui sont pourvues d'un pédicule central implanté à la surface inférieure qui touche la mer sur laquelle l'animal reste mollement suspendu. Sa surface est couverte de pores dont chacun est l'ouverture d'un petit canal qui en rejoint d'autres, et qui forme avec eux de larges troncs au travers desquels passe tout ce qu'absorbe la tige radiculaire avant de se rendre dans une cavité centrale qui est l'estomac. D'autres canaux partent de l'appareil digestif et se dirigent vers les bords du disque pour y porter la nourriture, et pour y entretenir la vigueur.

Il semble au premier coup d'œil que des êtres

qui ne sont à vrai dire qu'un morceau de gélatine vivante doivent capturer bien difficilement les autres animaux dont il font leur proie. Mais Dieu y a pourvu, et il a doué cette classe d'animaux d'une arme offensive qui suffit à tous leurs besoins. Dès qu'un poisson entre en contract avec la méduse, elle lance contre lui un liquide si âcre qu'il le paralyse soudain. Elle en fait alors sa proie.

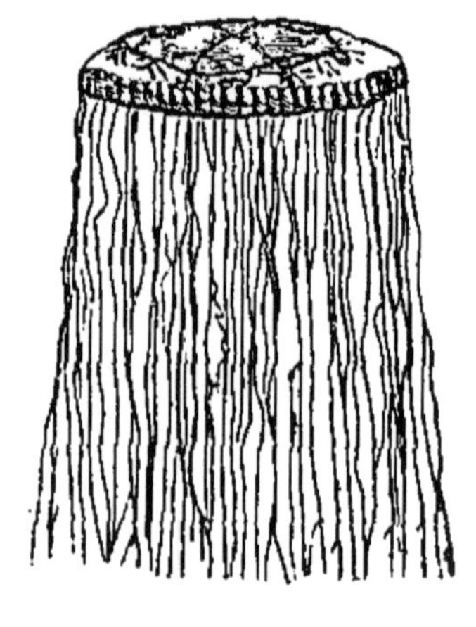

CUVIERIA CARIOSCHROMA.

Et non-seulement Dieu a donné à cette créature, qui semble privée de toute ressource, la puissance d'immobiliser son ennemi, mais il lui a accordé aussi celle de sortir de son immobilité personnelle. Quand la méduse veut se mouvoir, elle abaisse le rebord de son corps et frappe l'eau avec sa membrane frangée en opérant un mouvement pareil à celui qu'on obtient en ouvrant et en fermant alternativement un parasol. Elle exécute cette manœuvre quinze fois par minute et c'est ainsi qu'elle se soutient facilement sur l'eau. Pour plonger elle contracte sa substance dans toutes les dimensions, et quelquefois elle se retourne sens dessus dessous pour accélérer sa chute.

On observe dans certaines espèces, et à de certaines époques, de jeunes méduses qui sortent des ovaires placés à la surface inférieure du corps de leur mère. Après différents changements de volume, de forme et de couleurs, elles se recouvrent de cils et se mettent à nager à l'aventure. Quand vient le printemps, on voit paraître à leur surface des lignes transversales, dont les sillons s'approfondissent graduellement. Le corps est alors divisé en plusieurs parties, qui restent en contact pendant quelque temps, mais qui se séparent plus tard et deviennent chacune une méduse complète. Ainsi, avant d'atteindre sa maturité, la méduse peut passer par trois époques successives d'engendrement, opéré par trois moyens différents, celui de la ponte, de la croissance par bourgeons, et enfin celui de la division ou fissure spontanée.

Il est assez difficile de dire en quoi consiste la substance dont est composée la méduse. Tel de ces animaux qui pesait cinq ou six livres au moment où on l'a recueilli au bord de la mer, ne pèse plus que quelques grains après avoir passé quelques heures dans un vase. La masse solide qui formait son corps s'est fondue, il n'en reste plus qu'une légère membrane cellulaire, et le fluide qui s'est écoulé est tellement semblable à l'eau de mer, que l'analyse chimique elle-même ne peut les distinguer. Cependant quand ils étaient combinés l'un avec l'autre par la mystérieuse puissance de la vie, c'était une méduse, un animal. Qu'est-il devenu? comment s'est-il évanoui? Il serait difficile de le dire, mais si le secret de cette transformation nous échappe, elle ajoute au témoi-

gnage de tant de merveilles enfantées par la féconde puissance de notre Dieu une preuve de
plus qui, pour être humble, n'en est pas moins
concluante.

Il y a outre les méduses d'autres êtres transparents comme elles, et dont la dimension, du reste
assez variée, atteint en général celle d'une bille

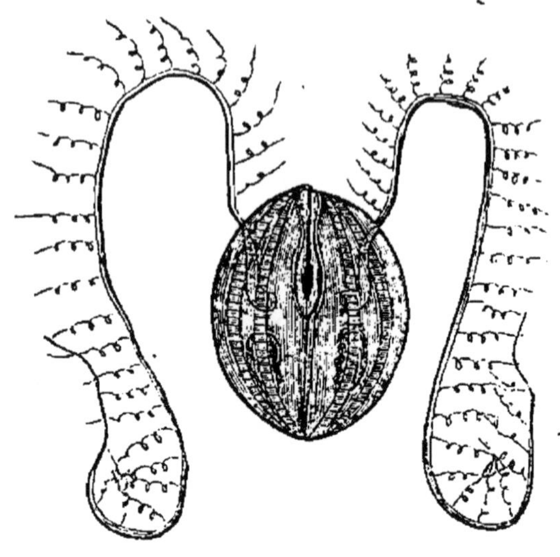

LA CYDIPPE EN FORME DE POMME OU BÉROÉ.

d'enfant. Ils présentent à l'extérieur des côtes pareilles à celles d'un melon, et leur forme a de l'a-
nalogie avec celle d'une orange ou d'une pomme,
ce qui leur a fait donner par les savants le nom
de *Cydippe en forme de pomme*. [*] Ils se meuvent
au moyen de cils vibrants qui s'étendent depuis
l'extrémité supérieure du corps jusqu'à l'inférieure. Avec leur secours ils s'élèvent et s'abais-

[*] Cydippe pomi-formis.

sent selon leur volonté, et exécutent avec une rapide aisance une foule d'évolutions diverses.

La *Ceinture de Vénus*, quoique se rapprochant
de l'animal précédent par certains caractères, en
diffère beaucoup par sa forme, comme il est facile
de s'en convaincre en comparant les deux gravures

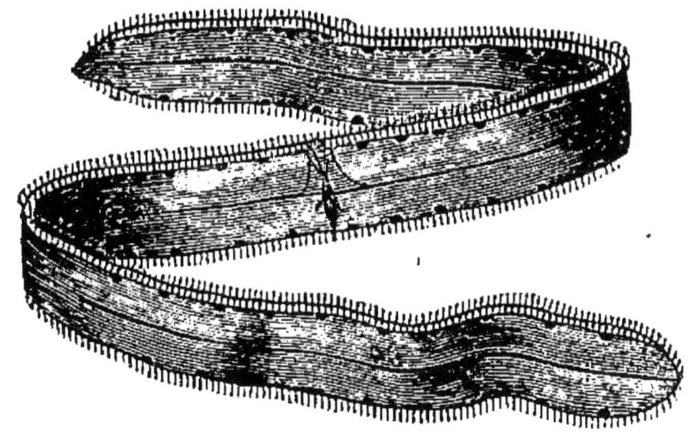

CEINTURE DE VÉNUS.

ci-dessus. Cet animal habite la mer Méditerranée ;
il ressemble à un ruban de verre dont la longueur
est souvent de six ou sept pieds et la hauteur
de trois ou quatre pouces. Sa substance est fort
délicate. Les innombrables cils qui bordent son
corps lui servent de rames quand il se meut en ondulations gracieuses dans les eaux tranquilles. Ils
servent aussi à diriger les aliments vers la bouche
qui est un petit orifice placé au milieu du corps,
vers le bord supérieur de l'animal. Quand la nourriture est digérée, elle est conduite par de longs canaux jusqu'aux extrémités du corps qu'elle vivifie.

On trouve aussi, dans les mêmes mers, et d'une manière plus abondante encore, lé *Physale*, que les marins appellent le *Vaisseau Portugais*. Son corps est formé d'une large vésicule en forme de poire. Elle renferme de l'air et flotte à la surface de l'eau. De la partie infé-rieure descendent divers organes dont les uns ser-vent à saisir et à sucer la proie dont l'animal vit, les autres portent les œufs et les émettent en temps con-venable. Une belle voile pourpre s'élève de la par-tie supérieure de l'animal et lui sert à voguer tantôt seul, tantôt de conserve avec ses congénères, qui forment ainsi de petites flottiles semblables à celles des nautiles ou argonautes, ces gracieux navigateurs

GUERRIER PORTUGAIS.
LE PHYSALE.

des mers équatoriales. Le physale peut, en se gon-flant ou en se vidant d'eau à volonté, plonger et s'élever sur cet élément. Il est pourvu pour cela de certains orifices, au moyen desquels il aspire ou comprime l'air et change ainsi sa pesanteur spécifique.

La variation que l'on observe dans la couleur

des eaux de l'Océan, provient des animalcules qui
le peuplent, et que l'on rencontre quelquefois en
masses énormes. « Du haut du mât du navire, dit
le docteur Pœppig dans son voyage au Chili, la
mer sur une étendue de six milles anglais, nous pa-
raissait d'un rouge sombre qui, à mesure que nous
avancions lentement, se changea en un pourpre
si brillant, que l'écume du sillage du navire était
elle-même teinte en rose. Cette bande purpurine
se distinguait des eaux bleues de la mer par une
ligne très-tranchée, que nous observâmes facilement, puisque nous traversâmes toute cette bande
colorée dont la direction était du sud-est au nord-
ouest. Je puisai de cette eau, elle me parut parfaitement transparente, seulement quand on en jetait
quelques gouttes sur une porcelaine blanche, on
apercevait, sous l'action du soleil, une faible teinte
rose, et un mouvement assez perceptible en avant
et en arrière. J'aperçus avec un verre d'un pouvoir amplifiant très-modéré, que ces petits points
rouges, qu'on discernait à peine à l'œil nu, étaient
des infusoires d'une forme sphérique entièrement
dépourvus de tout organe extérieur de mouvement. Nous cinglâmes pendant quatre heures au
travers de cette bande animée, qui avait bien certainement sept milles de largeur, et comme le navire filait environ six milles à l'heure, il en résulte
que cette agglomération d'animaux avait une su-
perficie de 168 milles anglais. Ajoutons, pour
compléter, qu'ils étaient distribués d'une manière

probablement égale dans la couche supérieure de l'eau, et jusqu'à une profondeur de six pieds. On comprendra alors que nos nombres les plus exagérés, nos trillions, nos milliards, ne sont plus que des valeurs insignifiantes pour estimer l'incompréhensible abondance de ces animalcules pourprés.

Coleridge décrit un fait analogue qui fut observé dans les eaux de l'Océan. « Un peu au delà de l'ombre du navire, j'observai, dit-il, beaucoup de serpents d'eau qui se mouvaient rapidement, semblables à des lignes blanches et brillantes. La lumière phosphorique dont ils sont doués s'échappait en jets blanchâtres. A l'ombre même du navire je pus observer leur richè manteau bleu et vert lustré, ou d'un noir semblable à celui du velours. Ils décrivaient à l'envi les uns des autres des cercles redoublés, laissant derrière eux un sillon de feu. Belles et heureuses créatures ! Aucune langue ne peut dépeindre votre beauté ! A votre vue l'amour coulait à flots de mon cœur, et je vous bénissais à votre insu ! » C'est un poëte qui parle, ne l'oublions pas. Poétiquement parlant on peut glorifier l'ouvrage en lieu et place de l'ouvrier ; c'est une figure. Acceptons-la comme telle, mais remarquons pourtant que c'est une figure.

Chacun sait que la mer, surtout sous les tropiques, brille, pendant la nuit, d'un vif éclat phosphorescent. Les navires semblent y tracer de longs sillons de feu ; chaque coup d'aviron fait voler d'innombrables étincelles ; c'est d'une beauté inimaginable. Ces lumières mobiles se groupent de différentes manières. Leurs milliers de points brillants, qui ressemblent à de petites étoiles flottantes, s'étalent quelquefois à la surface, pressés les uns contre les autres, et forment un vaste champ lumineux. D'autres fois, de gros corps, semblables pour la forme à un poisson, se poursuivent l'un l'autre, disparaissent, apparaissent de nouveau, et laissent échapper à chaque mouvement un jet de lumière.

Cet effet lumineux des eaux de l'Océan est dû à des orties de mer microscopiques. Il en est pourtant qui sont d'un volume plus considérable, tels sont les cydippes, dont nous avons déjà donné le dessin, et dont les cils sont éminemment phosphorescents, et la ceinture de Vénus, qui ressemble à une traînée de feu de plusieurs pieds de longueur. D'autres animaux brillent d'un éclat si éblouissant, que les navigateurs les ont comparés à des boulets rouges qui circuleraient sous l'eau.

Parmi eux il faut particulièrement remarquer les *Pyrosomes* *.

M. Bennet, dans un de ses voyages, vit la mer éclairée, à une grande distance autour du navire, par une lumière phosphorescente qui se reflétait sur les voiles, et qui était assez vive pour permettre de lire facilement, depuis les fenêtres des cabines

---

* Nom formé de deux mots grecs qui signifient : corps de feu.

de l'arrière, un livre d'un assez petit caractère. De nombreux oiseaux de mer voltigeaient au-dessus de cet espace lumineux, où ils trouvaient d'abondantes proies. Il était dû à la présence de nombreux pyrosomes. On en retira de la mer quelques échantillons, mais dès qu'ils furent enfermés dans un vase et dans un état de repos, ils cessèrent d'émettre de la lumière. Toutefois, si l'on agitait l'eau ou si l'on prenait le pyrosome dans la main, il s'illuminait à l'instant de myriades de points brillants, dont la couleur rappelait celle de l'élytre du grillon diamant *.

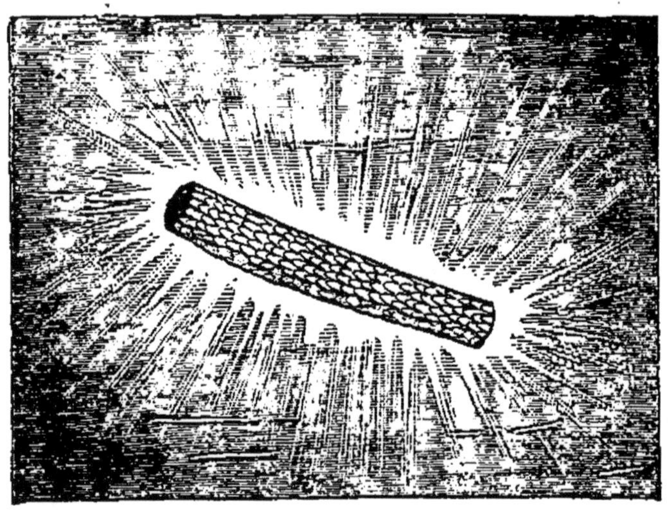

LE PYROSOMA.

Le corps de cet animal a une forme cylindrique; il est composé d'une substance gélatineuse, et il a environ 4 pouces de long sur un $^1/_2$ pouce de cir-

* Curculio imperialis.

conférence. Notre gravure, qui représente fort bien l'éclat phosphorescent du pyrosome est inexacte quant à sa forme, aussi, craignant qu'elle ne donne lieu à deux erreurs, nous allons les prévenir par quelques mots d'explication.

Le tube que nos lecteurs ont sous les yeux semble représenter un animal unique, mais il n'en est rien. Ce cylindre creux est formé par un grand nombre de petits animaux, qui sont engagés dans la masse gélatineuse, la bouche en dehors, le corps dans l'épaisseur, l'anus en dedans. Aussi l'aspect squammeux du tube de notre gravure n'est pas exact. Bien loin d'être couvert d'écailles et d'avoir une surface lisse, le pyrosome est tout hérissé des milliers de bouches des animaux qui le composent, et dont les contractions et les dilatations combinées lui donnent mécaniquement une unité de mouvement et de vie. On le trouve dans l'Océan et dans la Méditerranée ; il peut, comme la pennatule (plume de mer) et les polypes, se reproduire par division.

Chaque tube est ouvert aux deux bouts, mais non pas comme le représente notre gravure. L'un des deux orifices est plus large, mieux défini qne l'extrémité opposée ; le bord n'est pas vif et arrêté, mais arrondi en dedans. Les tubercules qui recouvrent la surface extérieure sont roides et perlés. De petites taches brunes ou rouges sont répandues entre elles. C'est dans ces taches que réside surtout la faculté lumineuse, car souvent elles brillent seules, tandis que le reste du corps est d'un blanc jaunâtre. Ces taches, séparées du corps, n'émettent plus de lumière.

Quel est le but de cette phosphorescence? demandera-t-on peut-être. Il est multiple sans doute, et nous ne le connaissons qu'imparfaitement. Cependant, si nous reconnaissons que la lumière solaire diminue rapidement en traversant l'eau, et qu'une obscurité complète règne depuis une limite assez voisine de la surface jusque dans les profondes vallées du fond, qui sont pourtant peuplées d'une multitude d'êtres actifs et pourvus d'organes visuels, nous comprendrons que Dieu ait eu soin d'éclairer pour eux le monde ténébreux où les fixaient leurs instincts et sa volonté.

Sa sagesse a donc créé pour le dessous de l'Océan une source de lumière indépendante de celle du soleil ; il l'a attachée à l'animal lui-même : grâce à elle, il voit et il est vu ; il peut saisir sa proie et devenir à son tour la nourriture de quelqu'autre individu.

Quand les animaux marins sont vivants, la lumière qu'ils émettent est limitée à une partie de leur corps, à un seul organe, et elle ne peut pas être séparée d'eux. Dès qu'ils sont morts, leur corps tout entier devient lumineux, la matière phosphorescente peut être isolée et mêlée dans l'eau, ainsi que le savent fort bien nos cuisiniers. On a cru que cette augmentation de phosphorescence était le résultat de la décomposition chimique, de la putréfaction, si l'on veut. C'est une erreur, car dès que la putréfaction commence, la phosphorescence cesse; ce qui semble indiquer assez clairement le but que Dieu s'est proposé en voulant que l'existence de la matière lumineuse survécût à l'animal lui-même. En effet, cet être mort est encore un aliment. Si son fanal s'éteignait avec lui, son corps disparaîtrait dans les ténèbres du fond, et le seul genre d'utilité qui lui reste serait perdue. Mais en faisant persister son éclat lumineux, en l'augmentant même après sa mort, Dieu a voulu tenter et attirer le regard des espèces auxquelles sa bonté destinait cette nourriture.

Les animaux marins qui possèdent des yeux ne sont pas les seuls qui jouissent de cet avantage. Le microscope a prouvé jusqu'à l'évidence l'existence de cet organe dans une multitude d'espèces qui semblaient en être privées, et les individus qui, très-certainement, le sont, comme les méduses, reçoivent de la présence des corps lumineux une impression qui, non-seulement les avertit de leur voisinage, mais qui est assez distincte pour leur permettre de se tourner de leur côté. Les méduses, les béroés suivent, comme les poissons, le mouvement d'une bougie que l'on fait aller et venir autour de leur vase, et quand ils sont dans un bocal rendu opaque par une couche de peinture ou par une enveloppe de fort papier, on les voit monter et se presser vers l'ouverture, qui seule laisse arriver la lumière jusqu'à eux.

CHAPITRE XII

LES ROTIFÈRES.

Les *Rotifères*, ou porteurs de roues, ont été longtemps confondus avec les polygastres, mais l'examen microscopique a montré qu'ils en différaient par plusieurs détails d'organisation fort importants. On a donc dû en faire une classe à part, que le docteur Owen a appelée celle des *Nematoneura*[*], mot quelque peu singulier, mais qui peint bien, pour ceux qui savent le grec, le caractère distinctif de cette classe, qui est de posséder, sous forme de fils, des traces de nerfs, et même des ganglions, ou centres nerveux rudimentaires.

Outre ce caractère assez remarquable, on aperçoit encore chez les rotifères des fibres musculaires disposées en faisceaux, et quoiqu'ils n'aient ni cœur, ni réceptacle central pour recevoir les fluides circulants, ils ont pourtant un système de vaisseaux qui les distribue dans tout leur corps. Leur appareil digestif est plus parfait. Il ne consiste

---

[*] Nom formé de deux mots grecs qui signifient: fil-nerf.

pas en cavités formées dans la substance du corps lui-même, mais dans un véritable estomac, que complètent un canal intestinal et divers autres appendices.

Quand nous disons que l'on aperçoit chez les rotifères des traces distinctives de nerfs, cela ne veut pas dire que l'on puisse les montrer dans chaque cas. Dans quelques groupes ils échappent à nos recherches à cause de leur extrême délicatesse, et dans d'autres, la petitesse de l'animal lui-même rend la découverte de ces organes à peu près impossible. Ehrenberg était persuadé d'avoir découvert non-seulement les filaments, mais même les ganglions nerveux ; mais il est permis de douter que ce savant a été trompé par des apparences, ce qui est extrêmement facile dans des observations si délicates. Ce n'est pas, toutefois, que nous voulions dire qu'il n'existe pas de nerfs dans les rotifères ; nous pensons, au contraire, que, d'après plusieurs faits, il est très-probable qu'ils en ont, mais il ne nous est pas démontré que les filaments observés par Ehrenberg soient ces nerfs-là. Notre doute se borne à cela.

Les rotifères sont ainsi appelés à cause de certains organes placés près de leur bouche ; et que les premiers observateurs ont appelés des roues, parce qu'ils les voyaient tourner avec une grande vitesse, sans pouvoir s'expliquer ni leur présence là, ni leur mouvement, ni leur union organique avec le corps de l'animal. Des observations subséquentes ont démontré que cette rotation était une illusion d'optique. Il est maintenant prouvé que les prétendues roues des rotifères sont tout simplement des cercles de cils, et que le mouvement, en apparence rotatoire, est produit par une série d'ondulations progressives formées par l'extension et la contraction alternative de chaque fibrille.

Ces cils, extrêmement amplifiés, présentent l'apparence de petites vagues circulaires en mouvement. Chaque vague est produite par un certain nombre de cils. Ceux qui forment le dos de la vague sont pleinement étendus, les autres sont repliés sur eux-mêmes dans un rapport croissant, et jusqu'au milieu de l'intervalle qui existe entre deux vagues. Là ils sont complétement abaissés, mais en suivant le mouvement ils se relèvent à leur tour, tandis que ceux qui étaient élevés s'abaissent, le tout avec une régularité et une vitesse qui trompe l'œil jusqu'à lui faire prendre ce mouvement ondulatoire pour un mouvement de rotation.

Le mouvement de ces cils dépend de la volonté de l'animal ; il peut leur imprimer une rapidité extrême, modérer leur mouvement, l'arrêter tout à fait ; quelquefois même il ne meut qu'un petit nombre de cils à la fois, il les étend, les courbe avec lenteur pendant quelques instants, puis, tout à coup, les fait vigoureusement fonctionner tous ensemble.

C'est par l'action de ces cils que l'animal rame dans l'eau et s'y joue avec vivacité. Pourtant ils ne lui servent pas seulement d'organes de locomotion, ils sont, de plus, ses pourvoyeurs. Quand le rotifère est lassé de nager, il se fixe, au moyen d'une paire de forceps, qui terminent son corps, à quelque objet solide, puis mettant en mouvement son appareil cilié, il produit, dans le voisinage de sa bouche, des courants rapides, qui précipitent dans cette charibde en miniature des parcelles de matières animales ou végétales, dont l'animalcule fait sa nourriture. Ces cils sont mus par un appareil musculaire très-visible, et quand l'animal les met momentanément au repos, il les rentre dans une espèce d'étui, qui les met à l'abri jusqu'à ce que leur emploi redevienne nécessaire.

Les rotifères sont recouverts de coquilles, c'est-à-dire que leur corps est renfermé dans une enveloppe cornée, passablement ferme, et tellement transparente que l'on peut voir au travers tous leurs viscères internes. Le bout supérieur de cette coquille est dentelé ou orné de prolongements réguliers et de fines membranes qui arrivent jusqu'à la base de la bouche et des cils. Ce prolongement membraneux ne limite point l'appareil ciliaire, il lui permet seulement de se retirer à volonté dans l'intérieur de la coquille.

Ces animaux présentent une grande variété de formes et de couleurs, mais ils sont tous terminés par une paire de pinces, qui leur sert, nous l'avons déjà dit, à s'accrocher à volonté aux objets stationnaires. Ces pinces sont attachées, dans quel-

ques espèces, au bout d'un appendice musculaire qui ressemble à
une queue. Notre gravure la représente ainsi, mais dans d'autres
espèces elle sort d'une simple proé-
minence caudale.

PINCES
D'UN ANIMALCULE.

La bouche conduit à un gosier
qui est, selon les espèces, tantôt
très-grand, tantôt fort étroit. Ce
gosier aboutit à un gésier, réceptacle préparatoire
dans lequel la nourriture est coupée, broyée en
pulpe par un appareil très-curieux. Il est formé de
trois dents, qui travaillent vigoureusement les unes contre
les autres, et hâchent tout ce
qu'elles rencontrent. L'une
d'elles, ainsi que l'indique la
gravure, est centrale et fixe.
Elle porte deux facettes apla-
ties, contre lesquelles jouent
les deux dents latérales, qui

GÉSIER
D'UN ANIMALCULE.

sont formées de deux parties : d'une base, d'a-
bord, fixée aux parois du gésier, et qui tient lieu
de mâchoires, puis d'une seconde pièce mobile et
dentelée, qui est la dent véritable.

Quelle que soit la petitesse de ces divers organes,
la transparence des rotifères permet de les voir
distinctement avec un microscope. On peut même
suivre leur mouvement et leur action sur les animalcules plus petits que le rotifère a avalés, car il

en est dans ce petit monde marin comme dans celui des grands poissons, les uns sont la proie des autres, et la guerre est incessante.

La dureté de ces dents est surprenante. On peut les extraire du corps dans un état de conservation parfaite, et les soumettre isolément à l'examen microscopique. Elles varient sans doute de forme et de dimension selon les espèces, mais leurs caractères essentiels sont les mêmes dans toutes.

La nourriture triturée dans le gésier est conduite, par un canal qui varie de longueur, dans le véritable estomac, dont la capacité est proportionnée à celle du gésier. Cet organe est muni de certains appendices glandulaires qui sécrètent vraisemblablement un fluide nécessaire au travail de la digestion.

Les rotifères sont ovipares, mais l'œuf éclot quelquefois dans le sein même de sa mère. Ces œufs ont l'apparence d'un petit globule transparent. Ils n'ont guère à leur naissance que $\frac{1}{12000}$ de pouce de diamètre, mais leur grosseur augmente peu à peu, et ils deviennent alors un objet d'examen très-curieux. Dans un œuf qui n'a que $\frac{1}{1700}$ de pouce, on aperçoit distinctement l'animalcule qui y est renfermé et la vibration ciliaire que nous avons décrite plus haut. A de certaines époques, on peut distinguer les œufs avant qu'ils soient pondus. Ils sont logés dans un long sac qui flotte dans la cavité, et que l'on voit fort bien, grâce à la transparence de ces petits êtres. Ce sac est souvent vide.

Tel est, en résumé, ce que l’on connaît actuellement de la structure des rotifères. Ce sont, on le voit, des créatures actives et vivaces; la rapidité, l’adresse de leurs mouvements procurent un vif plaisir à ceux qui les observent, et c’est certainement un des spectacles les plus intéressants que l’on puisse se donner, que celui de voir dans une goutte d’eau, une foule de ces petits êtres exécuter des milliers d’évolutions sans se heurter, sans même se gêner. Dieu les a si admirablement mis en rapport avec les circonstances dans lesquelles ils vivent, que l’existence a autant de charmes pour eux que pour l’oiseau dans l’air, le poisson dans les mers, ou la bête fauve dans ses forêts.

Nous avons dit au commencement de cet ouvrage que l’oxygène est le grand, l’indispensable soutien de la vie animale. Chaque créature vivante est occupée à le convertir en gaz acide carbonique par le fait même de sa respiration. Un homme de taille moyenne en transforme ainsi à lui seul environ 18,000 pouces cubes par jour; quelle n’est pas à ce compte l’énorme quantité qu’en dépense la population entière du globe! Mais ce n’est pas là la consommation la plus considérable qui se fasse de ce gaz vital. S’il est nécessaire à la respiration, il l’est aussi à la combustion. La petite ville de Giessen, en Allemagne, en emploie un milliard de pieds cubes par an dans les fourneaux qui alimentent son industrie, et les personnes compétentes dans les calculs de cette sorte, pensent qu'une ville manufacturière d'Angleterre en consomme au moins le double dans un même espace de temps.

En y allant de ce train il est certain que l'atmosphère qui fournit cette énorme quantité de gaz serait bientôt altérée puis épuisée, si Dieu n'avait pourvu à sa reproduction. Or la composition de l'air est aujourd'hui ce qu'elle était il y a des siècles. Les jarres vides, ensevelies avec la ville de Pompéi, il y a 1800 ans, l'ont démontré avec évidence. L'oxygène se reproduit donc à mesure qu'il se transforme et les humbles infusoires dont nous venons d'entretenir nos lecteurs jouent un grand rôle dans cette fabrication incessante. Il est certain que si leur utilité était bornée là, ce serait déjà un puissant motif pour nous de regarder avec intérêt ces utiles pourvoyeurs d'un des aliments de notre existence, et l'on comprend pourquoi Dieu les a si prodigieusement multipliés.

Il est certain en effet d'après un mémoire fort intéressant, inséré en 1841, dans les Transactions de l'Académie de Bruxelles, que l'eau mélangée de substances organiques dégage un gaz qui contient 61 pour 100 d'oxygène. Les auteurs de cet écrit [*] se résument en ces mots. « Il résulte donc des remarques précédentes que le renouvellement du gaz oxygène est dû principalement au *Chlami-*

---

[*] MM. Auguste et Morren

donomas pulvisculus d'Ehrenberg et à plusieurs animaux verts placés encore plus bas dans l'échelle des êtres. »

Le savant Liebig a répété cette remarque dans son cours de chimie, et il ajoute : « J'ai voulu me convaincre par moi-même de l'exactitude de ce fait, j'ai donc examiné, sous ce point de vue, l'eau d'un baquet que j'avais dans mon jardin, et qui était fortement colorée en vert par diverses espèces d'infusoires. Je la débarrassai au moyen d'un filtre, de toutes les substances végétales qu'elle pouvait contenir, puis je la versai dans une jarre que je retournai dans un vase de porcelaine, qui contenait de la même eau. Elle resta exposée durant plusieurs semaines à l'action de la lumière solaire. Pendant cet intervalle le gaz s'accumula sans interruption dans la partie supérieure de la jarre ; au bout de quatorze jours il avait déjà, par sa pression, expulsé le tiers de l'eau qui y était contenue ; il rallumait subitement une allumette éteinte, mais rouge encore ; c'était à tous égards du gaz oxygène pur. »

Nous sommes persuadés, que si nous terminions ici ces pages destinées à raconter quelques-unes des merveilles de la création de Dieu qui échappent à la vue, nous laisserions dans l'esprit de nos lecteurs les mêmes sentiments d'admiration et de gratitude, qui sont dans le nôtre. Nous venons de leur faire entrevoir combien il est vrai que « toutes choses travaillent plus que l'homme ne saurait.

dire » * ; combien les œuvres de notre Dieu sont en grand nombre ; quelle puissance, quelle sagesse elles attestent, et qu'il serait insensé celui qui, les ayant considérées, ne remonterait pas avec bonheur jusqu'au puissant Créateur de toutes ces choses ! Toutefois, n'oublions pas que ce n'est qu'avec l'aide du microscope que l'on peut pénétrer dans ce monde mystérieux, tout comme ce n'est qu'avec celui du télescope que l'on peut contempler les splendeurs du vaste univers qui se déploie au-dessus de nos têtes. Ces deux instruments nous mettent en communication avec tout ce qu'il y a de plus petit, et tout ce qu'il y a de plus grand, dans les ouvrages de notre Père Céleste. Grâce à eux, la monade et le soleil viennent se peindre dans notre œil, et ce n'est pas sans un certain sentiment d'orgueil que l'on pense que ces deux instruments sont dus à l'intelligence et à l'art de l'homme. Mais prenons y garde. Si les résultats obtenus dans les deux sens, sont à coup sûr admirables, il y a aussi de quoi nous humilier profondément. Le docte et pieux Chalmers qui savait si bien admirer les beautés du firmament, et qui en a parlé avec une science si onctueusement chrétienne, dit en comparant le microscope et le télescope :

« L'un me conduit à voir dans chaque étoile un système ; l'autre me fait découvrir un monde dans

* Eccl. 1, 8.

chaque atome. L'un m'apprend que ce globe immense, avec ses habitants et ses contrées si diverses, n'est qu'un grain de sable dans le champ de l'immensité; l'autre m'apprend que chaque grain de sable peut abriter les tribus et les familles d'une population toute bouillante d'activité. L'un me parle de la petitesse du monde sur lequel je marche; l'autre le relève de sa nullité, car il m'apprend que dans les feuilles des arbres de la forêt, dans les fleurs de nos jardins, et dans les eaux de chaque ruisseau, il existe des mondes de créatures douées de la vie, et qui sont innombrables comme les gloires du firmament. L'un me fait soupçonner qu'au delà de ce qui est visible pour l'homme, il peut encore exister des champs immenses de mondes créés qui parcourent l'espace avec une vitesse incommensurable, et qui portent en eux, et jusqu'aux limites les plus reculées de l'univers, l'empreinte de la main du Tout-Puissant; l'autre me fait présumer, qu'au delà même de tous ces infiniment petits que l'œil de l'homme ne peut observer qu'avec l'aide des instruments, il existe encore peut-être un autre monde d'êtres invisibles, et que si nous pouvions écarter le rideau mystérieux qui les cache à nos sens, nous verrions en eux des merveilles tout aussi nombreuses que celles que l'astronomie a dévoilées à nos yeux. Peut-être trouverions-nous un univers entier dans un point trop petit pour être distingué par le microscope même, mais assez grand encore pour laisser au Dieu créateur la place de déployer à son aise ses adorables attributs, et pour y créer un monde d'un mécanisme nouveau, monde vivant, rempli des preuves évidentes de sa gloire. »

Sans doute la science n'a point encore dit son dernier mot; elle ajoutera de nouvelles découvertes à celles qu'elle a déjà réalisées, et quelles qu'elles soient nous les saluons d'avance avec une joyeuse reconnaissance. Mais calmeront-elles la profonde inquiétude que le sentiment du péché entretient dans le cœur de l'homme? lui donneront-elles la certitude qu'au jour où il devra rendre compte au Créateur de toutes choses, il sera favorablement reçu par lui? Hélas non ! La nature, la science, ne savent rien du Fils unique et bien-aimé de Dieu; c'est dans la révélation, c'est dans la Bible qu'il faut chercher et lire le témoignage que Dieu a rendu de lui. Et voici quelques-mots de ce témoignage : « Christ est la vie, Dieu a mis en Lui « la vie éternelle, hors de Lui tout est mort. — Ce-« lui qui a le Christ a donc la vie, et en devenant « une même plante avec Lui il vit à toujours, parce « que Christ est en lui un esprit vivifiant. »

Nous sommes certainement des partisans décidés de l'étude de la nature et c'est bien dans le but d'engager chacun à s'y adonner selon ses facultés que nous avons écrit le petit ouvrage qu'on vient de lire. Mais admirer Dieu dans ses œuvres, ce n'est pas encore se soumettre à Dieu. On peut croire et de tout son cœur à sa puissance, à sa divinité, et ne pas croire ce que pourtant il affirme, c'est que « il était en Christ réconciliant le monde « avec lui-même et ne leur imputant point leurs « péchés. » Or à quoi sert une science qui ne va pas au delà de ce monde, qui nous éclaire pour quelques jours, et nous laisse tout à coup dans la nuit? Mais quand elle est unie à la connaissance de la vie éternelle, quand elle est complétée et vivifiée par une foi sincère en Jésus-Christ, le vrai Dieu manifesté en chair, et venu dans le monde pour sauver des pécheurs, c'est une belle et bonne chose alors que la science. Modeste et pure elle brille d'un doux éclat, comme le flambeau du sanctuaire. Elle rend la foi plus intelligente, plus appropriée aux choses présentes, elle complète l'homme, sous le rapport de la lumière au moins.

Heureux le savant qui sait ainsi unir en lui la science et la foi. Ses recherches n'en seront ni moins utiles, ni plus difficiles, mais il évitera le piége d'essayer de se nourrir de ce qui ne nourrit pas, il évitera l'enflure, l'orgueil scientifique; au milieu même de ses succès, il demeurera humble et filialement soumis à son Père Céleste. Tel était le docteur Turner. Son intime ami le docteur Dale disait de lui qu'il recevait la Parole avec déférence, la regardant comme étant non point la parole des hommes, mais en réalité la parole de Dieu. Bien que sa vie fût exemplaire et qu'aux yeux de ses semblables il fût sans reproche, il était si loin de penser qu'il pût supporter le regard scrutateur de Dieu qu'il ne trouvait le repos de son âme qu'en s'appuyant sur la puissante médiation de Celui qui peut sauver à plein tous ceux qui s'approchent de Dieu par lui.

Aussi quand l'heure de sa mort approcha et vint mettre fin à ses recherches scientifiques, le docteur Turner ne se trouva point au dépourvu. Il possédait une science qui va par delà le tombeau. Il fit observer à ceux qui l'entouraient la parfaite tranquillité de son pouls. — « Qui peut le rendre si calme dans un pareil moment, leur disait-il? Rien que la puissance de la foi, rien que l'Esprit de Dieu. Je n'aurais jamais cru pouvoir être heureux à mon lit de mort. Ma carrière est terminée, et j'en suis content. »

Un de ses parents lui demanda :

— Christ n'est-il pas aussi bon que sa parole?

— Oui, murmura-t-il, oui exactement.

Et quand il eut dit ces mots, cet homme à la foit croyant et savant s'endormit.

— Puissions-nous dire aussi nous-mêmes avec un autre penseur vraiment chrétien :

Contre tous les fléaux ta croix est notre abri ;
De ceux qu'elle a couverts pas un seul n'a péri :
A l'écueil où se brise une vaine espérance
Des amis de Jésus le triomphe commence.

Ta mort, divin Jésus, nous défend de la mort ;
Nous pouvons désormais dans les mains du Dieu fort
Sur ce trône de gloire où siégeait la colère
Tomber sans épouvante, et retrouver un Père.

INDEX

Vie de Martin Luther, pour la jeunesse. Trad. par D. Lenoir. In-18. 1 fr.

La Mission, scènes africaines par le capitaine Marryat, ouvrage pour la jeunesse. 2 vol. in-12. 3 fr.

Fables et Paraboles, par J. Porchat, 4e édition. 3 fr. 50

Le Monde, le Vaste Monde, par Elisabeth Wetherell. 2 vol. in-12. 4 fr.

La Nonne, épisode d'une vie de couvent. In-12. 3 fr.

La Fille du Comte, par l'auteur de *Amy Herbert, Gertrude,* etc. 2 vol. 5 fr.

Emma ou la Prière d'une mère, par l'auteur des *Réalités de la vie domestique.* In-12. 2e édition. 1 fr. 50

Les deux filles de la veuve, par le même. In-12. 2 fr.

Jeanne et Antoine, ou l'épreuve sanctifiée. In-12. 2 fr. 25.

Le Conscrit, nouvelle par H. Conscience. In-18, broché. 1 fr.

Histoire de la famille Fairchild, par M. Sherwood. 3 vol. in-12. 8 fr.

Leçons pour les enfants de trois à huit ans, suivies d'hymnes en prose, par Mme Barbault. Un joli volume in-18 orné de 12 gravures sur bois. 2 fr. 50

Le même sans gravures. 1 fr. 50

Les Écoles du Doute et l'École de la Foi. Essai sur l'autorité en matière de religion, par le comte Agénor de Gasparin. Fort volume in-8, d'environ 500 pages. 7 fr. 50

Papisme et Jésuitisme. lettres écrites de Rome par L. D. S., traduit de l'italien. In-12. br. 2 fr.

Joseph Smith et les Mormons, ou examen de leurs prétentions relativement à leur Bible, à leur Prophète et à leur Église, par L. Favez. Nº 1. 50 c.

Dépendance et Indépendance, ou foi et critique. Discours prononcé en anglais à Belfast, le 5 décembre 1853, pour l'inauguration du collége théologique de l'Église presbytérienne d'Irlande, par J.-H. Merle d'Aubigné, avec une introduction. In-8. 80 c.

Le Tour du Compagnon Jacob. par Jérémie Gotthelf. 1 vol. in-12. 3 fr. 50

Ulric le valet de ferme, ou comment Ulric arrive à la fortune, par le même. In-12. 3 fr.

Ulric le fermier. suite au précédent. In-8. 4 fr.

Nouvelles Bernoises, par le même. In-12. 3 fr. 50

L'Année Chrétienne, ou une Parole Sainte méditée pour chaque jour, par F. Lobstein. In-12. 3 fr. 50

Le Christianisme sous les Tropiques, Abbeokuta. Origine et développement du Christianisme et de la civilisation dans l'Afrique centrale, par Miss Tucker. Trad. de l'anglais sur la 3e édition. In-12. 3 fr.

Considérations Bibliques, par F. Olivier. Nº 1, 2 et 3. 1 fr. 10

La Suisse historique et pittoresque, contenant l'histoire, la géographie, etc. de ce pays avec un précis des antiquités, de la littérature, des arts et de l'industrie des 22 cantons, illustrée de vues, paysages, sujets d'histoire, costumes, portraits et vignettes par Calame, Diday, Grosclaude, Hébert, Lugardon, etc. formant 2 vol. gr. in-8 de 25 livraisons chacun à 60 c.

Étude sur l'Institution d'un jour de repos par semaine, par Émile Demole, ministre de l'Évangile. In-12.   1 fr.

Compte rendu des livres destinés à l'enfance, 3 livraisons à   60 c.

Mémoires pouvant servir à l'histoire du réveil religieux des Églises réformées de la Suisse et de la France et à l'intelligence des principales questions théologiques et ecclésiastiques du jour par A. Bost. 2 vol. in-8. 9 fr.

Les Nations Catholiques et les Nations Protestantes comparées sous le triple rapport du bien-être, des lumières et de la moralité, par Napoléon Roussel. 2 vol. in-8.   10 fr.

Quelques mois de séjour aux États-Unis, par J.-H. Grandpierre, Dr en théol. In-18. 1 fr. 75

Récits Américains ou conversions, réveils, expériences chrétiennes et entretiens tirés des mémoires de trois pasteurs des États-Unis; publiés par L. Bridel, pasteur. 2 vol. in-12.   3 fr.

Foi et Charité, Récits populaires d'après le Dr Wichern. In-12.   1 fr. 25

Vingt tableaux Suisses, tous esquissés d'après nature, par l'auteur de la *Mort du fils aîné,* etc. In-18.   1 fr. 25

La Vie du marquis Galeace Caracciolo, mort à Genève en 1584. Br. in-18.   75 c.

Almanach de l'alliance évangélique, pour 1854. In-8.   50 c.

Quelques défauts des Chrétiens d'aujourd'hui, par l'auteur du *Mariage au point de vue Chrétien,* 2e édition augmentée d'une introduction et de notes formant comme un nouveau chapitre qui complète la pensée de l'auteur. 1 vol. in-12.   3 fr.